琉球の星条旗

「普天間」は終わらない

毎日新聞政治部 著

講談社

琉球の星条旗　「普天間」は終わらない◎目　次

主な登場人物

（敬称略、肩書きは当時）

日本

首相（総理大臣）

（二〇〇九年九月一六日〜一〇年六月八日）	鳩山　由紀夫
（二〇一〇年六月八日〜）	菅　直人

鳩山内閣

官房長官	平野　博文
外相	岡田　克也
防衛相	北澤　俊美
沖縄・北方担当相	前原　誠司
消費者・少子化担当相	福島　瑞穂（社会民主党党首）
金融・郵政改革担当相	亀井　静香（国民新党代表）

首相官邸

官房副長官（事務）	瀧野　欣彌
首相秘書官（政務）	佐野　忠克
内閣官房専門調査員	須川　清司

防衛省

防衛政務官	長島　昭久

民主党

幹事長	小沢　一郎
参院議員会長	輿石　東
国会対策委員長	山岡　賢次
沖縄等米軍基地問題議員懇談会会長	川内　博史

社会民主党

副党首	又市　征治
幹事長	重野　安正
国会対策委員長	照屋　寛徳
政策審議会会長	阿部　知子

国民新党

国会対策委員長	下地　幹郎

沖縄県

知事	仲井眞　弘多
宜野湾市長	伊波　洋一
名護市長	稲嶺　進
民主党県連代表	喜納　昌吉

鹿児島県（徳之島）

知事	伊藤　祐一郎
自民党衆院議員	徳田　毅

専門家

日本総合研究所会長	寺島　実郎
元首相補佐官	岡本　行夫
軍事アナリスト	小川　和久
元防衛事務次官	守屋　武昌

米国

ホワイトハウス

大統領	バラク・オバマ
大統領補佐官（国家安全保障問題担当）	ジェームズ・ジョーンズ
国家安全保障会議（NSC）アジア上級部長	ジェフリー・ベーダー

国務省

国務長官	ヒラリー・クリントン
国務次官補（東アジア・太平洋担当）	カート・キャンベル
日本部長	ケビン・メア

国防総省

国防長官	ロバート・ゲーツ
国防次官（政策担当）	ミシェル・フローノイ
国防次官補（アジア・太平洋安全保障問題担当）	ウォレス・グレグソン
在沖縄米海兵隊外交政策部（G5）次長	ロバート・エルドリッジ

在日米国大使館

駐日大使	ジョン・ルース

琉球の星条旗

「普天間」は終わらない

プロローグ

二〇一〇年一一月二八日。沖縄県知事選で、現職の仲井眞弘多《なかいまひろかず》知事が再選を果たした。米軍普天間飛行場（沖縄県宜野湾市）の移設問題が争点だった。同県内の名護市辺野古に移設する政府方針に対し、仲井眞知事が「県外」、伊波洋一《いはよういち》前宜野湾市長が「国外」と訴えた。政府関係者は「伊波前市長なら交渉の余地はなかった」と胸をなで下ろしている。伊波前市長が「県内移設反対」を明言して政府との対決姿勢を鮮明にしていたのに比べ、仲井眞知事は政府との対話は続ける姿勢を強調しているからだ。

菅政権は六月の発足と同時に前の鳩山政権から普天間問題を引き継いだが、沖縄県との本格的交渉を早々と知事選後に先送りした。普天間の争点化を避けることで選挙結果を仲井眞知事に有利に持っていくためだった。その狙いは奏功したかのように見える。が、果たしてそうか。「日米合意を見直していただきたい。普天間の県外移設を是非実現して。私の公約の大きな部分です」

知事選四日後の一二月二日、首相官邸。仲井眞知事は、菅直人首相に対し、報道陣の目の前で申し入れた。会談後には、記者団にこう強調した。

「民主党としての公約を百八十度変えたことを、『分かりました』と沖縄の人が言うわけがない。県民の納得のいく説明がいる」

「民主党としての公約」とは、鳩山由紀夫前首相が二〇〇九年衆院選の際に訴えた「普天間は最低でも県外へ」のことだ。鳩山前首相が辺野古移設で日米合意し、社民党の連立離脱を招いた責任を取って辞任してから半年。菅首相はなぜいまだに縛られるのか。

それは、「県内移設やむなし」から「国外・県外」へと、沖縄の民意の変化を後押ししたのが民主党自身だからだ。普天間の県外移設だけでなく、基地周辺の住民が米軍絡みの事件・事故を通して不平等さを実感させられる日米地位協定の改定、それらを唱えて政権交代の必要性を訴え、〇九年八月の総選挙では沖縄の四小選挙区すべてで、後に連立与党を組む民主、社民、国民新の候補が当選した。政権交代時点で「県内移設やむなし」を明言していた仲井眞知事は、鳩山政権が迷走した八ヵ月の間に、じわじわと「国外・県外」に押された。加えて仲井眞知事の出自は自民・公明系。政権交代は自ら招いた事態ではない。方針転換を釈明する責任は政権を取った民主党側にある、というわけだ。こうして鳩山前首相の「最低でも県外」という約束は、少なくとも民主党政権と仲井眞県政が続く限り生き続けることになる。

そもそも、普天間問題が膠着する中で、知事の対話継続姿勢を政府がありがたがるというのは、前代未聞の事態だ。これまでは、話し合うかどうかを決めるのは政府側で、知事は話し合いのパイプと共に経済振興策を政府から断ち切られ、県民の支持を失うことの繰り返しだった。大田昌秀《おおたまさひで》知事は移設反対を表明して三選を目指した知事選に敗れ、大田氏を破った稲嶺恵一知事は公約に掲げた「一五年期限」「軍民共用空港」が二〇〇六年日米合意で破綻し、引退した。どちらも最初は「県内移設」の政府と歩調を合わせ解決策を求めたが、結局は政府方針と「県内移設反対」の民意との板挟みになり、行き詰まった。ところが今は、話し合うかどうかを決める権限は仲井眞知事のほうにあるようだ。政府と沖縄の力関係が逆転している。

辺野古移設に反対する名護市を含む県北部一二市町村を仕切り、仲井眞知事の選挙戦を支援した儀武剛《ぎぶつよしきん》金武町長も知事選翌日の一一月二九日、毎日新聞の取材にこう言い切った。

「これを機に、日米合意見直しを巡る協議に沖縄も加えるよう要求する。日米双方から対案を出してもらう。ただし、絶対妥協はしない」

儀武町長はもともと〇六年合意を巡って防衛庁（当時）に協力し、名護市を説得して合意に持ち込んだ「辺野古移設推進派」だった。その彼が今、「絶対妥協はしない」と言う。なぜこれほど強硬なのか。北部首長の一人が指摘する。

「民主党政権は知事選にまったく手を出さなかった。沖縄の民主党国会議員は伊波前市長を応援した。自民党は中央も含めて仲井眞知事を応援した。沖縄県側としては、政府と最も戦いやすい状況だ」

また、今回敗れた伊波前市長を応援した名護市の稲嶺進市長も、仲井眞知事再選を受けてこう語った。

「残念な結果に終わったが、それまでの立場を変えざるを得ないところまで仲井眞さんを追い込んだ。今後は日米両政府に対し、県と名護市が立場を一つにして共闘していきたい」

稲嶺市長は二〇一〇年一月、「辺野古移設反対」を公約して初当選した。普天間の移設先に辺野古が浮上して以来、名護市長はずっと「条件付き移設容認」。反対を公約して当選したのは稲嶺市長が初めてだ。

知事選当日、毎日新聞と琉球放送が投票を済ませた有権者を対象に実施した出口調査で「普天間問題への対応でどの案に賛成するか」との質問に、四〇パーセントが「県外」、三九パーセントが「国外」。「辺野古移設」は一九パーセントにとどまった。さらには「県外」と答えた人の五〇パーセントが仲井眞知事に投票しており、四九パーセントの伊波前市長とほぼ拮抗。仲井眞知事が「県外移設」を公約したことが選挙結果に有利に働いたことが分かる。

県知事が「県外移設」を要求し、名護市長が「辺野古の海にも陸にも基地は造らせない」と言い、県民の民意も「国外・県外」が八割。仲井眞知事再選でも、今後の展開が予想もつかない事態であることに変わりはないのだ。

ただ、当の辺野古住民は知事選期間中から、「辺野古回帰」の現実を受け入れる心構えをしつつあった。

「日本政府は『次の知事選まで、四年間は放っておけ』ということじゃないの？　名護市長が上京しても取り合わないんだから。このままじゃ振興策はやれないと締め付けるだけ締め付けて、自民党政権時代みたいに行き詰まりに追い込もうという腹じゃないの？　知事が仲井眞さんだろうと伊波さんだろうと同じ。『アメとムチ』に戻るってことだよ」

知事選が告示された二〇一〇年一一月一一日夕。普天間移設先とされる米軍キャンプ・シュワブ辺野古崎地区から西方約三キロにある賃貸マンションで、経営者の飯田昭弘さんは淡々と語った。シュワブ内では兵舎の建設工事が着々と進む。前日の参院予算委員会では、普天間移設撤回を求めて上京した稲嶺市長が関係府省の政務三役に面会を拒否された件について、菅直人首相が「大変申し訳ない」と陳謝していた。

飯田さんは同年九月の名護市議選で、辺野古の元代替施設推進協議会会長、宮城《みやぎ》安秀さんを支援した。結果は移設反対を掲げる稲嶺市長派が二七人中一六人当選と勝利。その中で、移設容認派の宮城さんは得票数五位の上位で初当選した。「民主も自民と一緒となれば、辺野古移設を前提にしたまちづくりに期待しよう、という票だ」と飯田さんは言う。

辺野古は名護市東岸にあり、市中心部を含む西側との温度差がかねてからある。移設受け入れに伴う年間一〇〇億円の北部振興策が名護市を含む北部一二市町村に投入されるようになってから一〇年。ほとんど西側に持っていかれるという不満が辺野古にはあった。「基地被害を被るのは我々。被害に見合った分はきちんと手当てしてもらおう」というわけだ。

知事選後、知事も市長も政府に相手にされない状態が続くとなれば、辺野古が政府と直接交渉するのが一番早い。飯田さんは宮城さんに、こうアドバイスしたという。

「名護市と決別していいんじゃないか。政府を救えるのはお前かもしれんぞ。向こうが『反対は市民の民意だ』と言うなら、こっちは『賛成は辺野古の民意だ』と言えばいい」

話を聞くと、宮城さんは「普天間を撤去できないのであれば、とりあえず辺野古に移し、その後どうすべきか考えるのが現実的だ。政府がそういう方針であれば、地元にお願いするしかない」と言う。

ただ、交渉のハードルは高い。二〇一〇年八月末の日米専門家協議の報告書は、〇六年合意と同じV字形の滑走路二本案と、日本側が主張した滑走路一本のI字形案を併記している。宮城さんは「I字形は飛行ルートが変わって事故の危険性が高まるから、V字のほうがいい」と語った。

自民党政権は普天間問題の膠着《こうちゃく》状態を打開できず、代わった民主党は迷走の揚げ句、自民党の後追いすらままならない。日本政府自体に対する絶望感を、宮城さんはこう吐露した。

「戦後の（琉球政府の前身である）諮詢《しじゅん》委員会からずっと、日本政府はアメリカの傀儡《かいらい》政権さ。どの政党が政権を取ろうが、誰が総理大臣になろうが変わらない。だったら米軍基地関連で利用できるものは全部利用する。その代わり日米地位協定を見直して、米兵は基地外では日本の国内法を順守してもらう」

今回の知事選で名護市では、仲井眞知事の得票（一万五二一三票）が伊波前市長（一万三〇四〇票）を上回った。しかしこれを「名護の民意は『移設容認』に回帰した」と見るのは早計だろう。名護市長選での初の「移設反対」派市長誕生の背景には、不可逆的な民意の変化がある。「振興策はいくらもらっても役に立たない」という市民の生活実感だ。

日米両政府が一九九六年、県内移設を条件に全面返還で合意。ほどなく辺野古が移設先の有力候補に挙がり、当時の橋本龍太郎政権は名護市に受け入れてもらうために振興策を次々と提案した。二〇〇〇年に始まった年間一〇〇億円の北部振興策は、その大半が名護市に投じられた。しかしほとんどがハコモノに使われ、恩恵を被ったのは建設工事を受注した一部の業者だけ。市の財政は公共事業の裏負担分による公債比率増で悪化する一方、市民が期待した雇用増にはつながらず、「振興策で生活は潤わない」との不満がたまっていた。

そこに二〇〇九年秋の「政権交代効果」が火をつけた。稲嶺市長は当時共に連立を組んでいた民主、社民両党から推薦を受けた。小沢一郎民主党幹事長（当時）の側近も現地入りした。一九九六年以来、移設反対を訴え続けてきた名護市選出の玉城《たまき》義和県議会副議長は、市長選の戦いをこう振り返る。

「『中央政府と結び付かない市長はダメだ。自民党も言ってたじゃないか』という演説が一番効いた」

しかし知事選で民主党は、日米合意を重視する党本部と県外移設を求める県連の間で調整がつかず自主投票となり、存在感を失った。稲嶺市長が応援した伊波前市長が名護市で仲井眞知事に敗れたのは、民主党政権への失望と言っていいだろう。

一段と難しくなった辺野古移設。それに伴って浮上するのは「普天間固定化」の懸念だ。

二〇一〇年一一月一〇日昼前、宜野湾市の西にある嘉数《かかず》高台公園。普天間飛行場を一望する展望台に上った。対潜哨戒機Ｐ３Ｃが三〇分足らずの間に五、六回、タッチ・アンド・ゴーを繰り返した。

普天間飛行場の周囲には学校や病院などの公共施設や住宅が密集している。日米両政府は一九九六年、「人口密集地域上空はできる限り避けて飛ぶ」などの航空機騒音規制措置で合意しており、対潜哨戒機は上空では大きく旋回していた。しかし、離着陸のたびに滑走路周辺の住宅地域上空を必ず通る。旋回せずに公園の真上を堂々と横切る哨戒機の姿もあった。

取材のため市役所に向かう途中も訓練は続き、今度はＦＡ18ホーネット戦闘機が二機、市役所上空を横切った。その轟音に、思わず耳をふさいだ。

「今日はちょっと多いですね。戦闘機の訓練が九月末から増えて、市民からの苦情も厳しくなりました。航空機騒音規制措置は、米軍はどうせ守りませんから。意味ないです」

基地渉外課職員の普久原朝亮《ふくはらともあき》さんは、やりきれなさを隠さずに語った。

戦闘機訓練が増えたのは、米空軍嘉手納基地（嘉手納町など）の二本ある滑走路のうち一本の改修工事を行うため、嘉手納基地でできない分の訓練を普天間飛行場で行うようになったからだ。ダイバート（目的地変更）訓練といい、二〇一一年三月まで続く予定という。

基地渉外課は普天間飛行場にどんな機種の航空機が何機いるかを定期的に目視で確認してい

る。一一月五日現在の常駐機は、CH46E中型ヘリコプター八機、KC130空中給油機兼輸送機五機。それとは別に、米海兵隊所属のFA18ホーネット四機が一時的に飛来してきていた。ダイバートの影響とみられた。

「朝九時に米軍機が自宅上空を飛び、午後二時台にもかなりの轟音で飛来している。自宅に落ちてくるのではないかと恐怖を感じる」「午後三時過ぎから何回も飛行機が飛んでいて、赤ちゃん二人も恐がり、泣いてお昼寝ができない」

こうした市民の苦情は、二四時間受け付ける留守番専用電話「基地被害一一〇番」に日々吹き込まれる。ダイバート訓練が始まって以降、「ジェット戦闘機の騒音」に対する苦情が急増した。市が設置している騒音測定器は、ダイバート開始以降一〇月五日までの間に一〇〇デシベル以上（電車が通るときのガード下のうるささに相当）の騒音を二七回記録、九月一～二一日の三回と比べて明らかに増えた。一〇月五日には嘉手納基地所属のF15戦闘機が二度飛び、騒音は過去五年間で最大の一二三・六デシベルにまで達した。「一一〇番」にはこんな声が寄せられている。「心臓が悪く自宅療養中だが、騒音がここまでひどいと思わなかった。命にかかわる問題だ。基地は撤去が当たり前。移転した地域が犠牲になるから」。

市役所での取材をしていた三〇分の間に、FA18ホーネットが二回、P3Cが一回、市役所上空を飛び、その都度会話が中断した。FA18ホーネットの騒音は一〇六・九デシベルを記録した。

普天間飛行場は市全体の面積のおよそ四分の一を占める。一九四五年六月、米軍占領と同時に接収され、米陸軍工兵隊が本土決戦に備えて滑走路を建設。当時は集落が点在し、サトウキビやサツマイモなどが作られるのどかな農業地帯だった。しかし強制収用後しばらく基地としてはほとんど使用されず、五三年にナイキミサイルが配備され、空軍が管理。六〇年から海兵隊基地となった。海兵隊は最初岐阜、山梨の二ヵ所に配置されたが、本土での反基地運動激化を背景に、米軍統治下の沖縄に移ってきた。普天間飛行場は、住宅密集地のど真ん中にあり、危険でうるさいという問題とは別に、沖縄の歴史を背負った象徴的な存在でもある。

二〇〇四年には、普天間飛行場近くの沖縄国際大学で、海兵隊所属のＣＨ53Ｄ大型輸送ヘリが構内の本館ビルに接触後、墜落炎上した。当時、産業情報学部長として現場処理に当たった沖縄国際大学の富川盛武《とみかわもりたけ》学長は、取材中のテレビ記者を連行しようとした米兵を数百人が取り囲み、暴動寸前になるのを目の当たりにし、不条理の歴史を背負った県民の中に潜む「怒りのマグマ」を実感した。

富川学長は、こう言って普天間問題の今後を憂えた。

「尖閣の事件などで世論は『沖縄に米軍基地は必要』となったが、『しかし自分のところはごめんだ』となると、ますます県民にとっては受け入れ難い。六〇〇〇人弱の大学関係者の命を預かる責任者として、普天間の固定化は絶対受け入れられない。今後、大学全体に署名を呼び掛けることも考える」

沖縄の米軍基地の必要性は、富川学長が指摘するように、東アジアの安全保障環境と絡めて常に語られてきた。鳩山前首相の「普天間引責辞任」前にも、韓国海軍哨戒艦の沈没事件が北朝鮮の「攻撃」によるものとされ、中国艦船一〇隻が訓練のため沖縄近海を航行。前首相はこれを「辺野古回帰」の理由にしたが、仲井眞知事は違う。

知事選期間中の二〇一〇年一一月二三日、北朝鮮による韓国・延坪島《ヨンピョンド》砲撃事件が発生した。仲井眞知事は「日米安保条約は重要だと思うし、日米同盟はまだ必要だ」と訴える一方、「県外移設」要求の看板は下ろさなかった。一二月二日、菅首相との会談後にも「安保条約の効果を受けている国全体で受け止めて解決してもらいたい」と改めて強調した。

現実に「県外移設」は可能か。県外移設先としては、鳩山前首相がこだわった鹿児島・徳之島がある。日米合意にも「米軍訓練移転先の検討対象」として盛り込まれた。しかし徳之島も実は沖縄にとって「県外」とは言えない近い関係にある。

九州から台湾の間に弓状に約一三〇〇キロにわたって並ぶ島嶼《とうしょ》群は、琉球弧（琉球列島）と呼ばれ、中国の太平洋への進出を阻むように位置している。沖縄と徳之島は共にここに含まれる。徳之島を含む奄美群島はかつて琉球王国の領土だったが、一六〇九年の薩摩侵攻で薩摩藩の直轄領となった。一九五二年の対日講和条約発効の際には、沖縄と奄美は共に本土から切り離され米軍統治下に置かれた。使う言葉も「琉球方言」「琉球語」とひとくくりに分類される。

いわば普天間の徳之島移設は、「沖縄県内での基地たらい回し」の延長線。米国の立場からいえば「琉球」の範囲内で許容する、というわけだった。

普天間問題は、一九九七年の名護市民投票で示された「反対」の民意に反し、当時の比嘉《ひが》鉄《てつ》也《や》市長が受け入れを表明し辞任したところから民意との「ねじれ」が始まり、移設を受け入れた歴代の知事、名護市長は皆挫折した。そして今回は鳩山前首相が受け入れを表明し、辞任した。玉城副議長はこう指摘する。

「皆、問題の複雑さ、難しさのあまり責任を負い切れずに逃げる。投げ出しの連鎖だ。実現不可能であることの証左だ。我々は『県民世論が反対』という事実に支えられ続けている」

森本敏拓殖大大学院教授は、玉城副議長が指摘した「投げ出しの連鎖」を予告する。

「普天間問題の進展が考えられるとすれば、仲井眞知事が、二期目の任期が終わる時、次は立候補しないことを前提に思い切った決断をされるくらいだ」

仲井眞知事が結局は暗礁に乗り上げ、「県内移設」受け入れを表明して次の県政に委ねる可能性があるという指摘だ。

普天間問題は、一九九五年の沖縄少女暴行事件を機に、米軍基地撤去、海兵隊撤退を求める県民の声が高まり、県が返還要求の一番に普天間飛行場を挙げたのが始まりだ。ところが「普天間の閉鎖・撤去」という沖縄側の要求に対し、政府は「県内移設」から動けずにいる。この関係が変わらない限り、「普天間」は終わらない。

（二〇一〇年一二月　上野央絵）

第一章　日本・米国・沖縄「トライアングル」

遺言

二〇一〇年六月二日早朝、東京・永田町。四〇〇人を超える民主党衆参両院議員の議員会館事務所内で、ファクスが一斉に音を立てて一枚の案内文を吐き出した。鳩山由紀夫首相の指示で午前一〇時から両院議員総会を開催する連絡だった。

同じ時刻に設定されていた参院本会議を流会にしてまでの緊急招集。突然のことに議員たちは色めきたち、会場の衆院別館講堂に詰め掛けた。

米軍普天間飛行場（沖縄県宜野湾市）の移設先を「沖縄県名護市辺野古」周辺と明記した日米共同声明で政府が米国と合意したことに、社民党が反発し連立を離脱。七月の参院選を前に民主党内では鳩山首相の責任論が噴出し、進退を巡る決断が注目されていた。

「鳩山総理・代表より発言を求められております。よろしくお願いいたします」

司会の松本龍両院議員総会長から促されて壇上に上がる鳩山首相に向けられた拍手は、なかなか鳴りやまなかった。鳩山首相は感慨深げに大きな目を見開いて、しばし議員たちを見やり、おもむろに口を開いた。

「お集まりの皆さん、ありがとうございます。そして国民の皆さん、本当にありがとうございました。昨年の熱い夏の戦いの結果、日本政治の歴史は大きく変わりました」

二〇〇九年八月の衆院選を振り返り、政権交代の意義を語り始めた。子ども手当、公立高校の実質無償化、農業の戸別所得補償制度……。緒に就いたばかりのマニフェストに掲げた諸政策に触れた後、本題に入った。

「ただ残念なことに、国民の皆さんが徐々に聞く耳を持たなくなってきてしまった。正にそれは私の不徳の致すところ。原因の一つは普天間問題でありましょう。沖縄の皆さんにも、徳之島の皆さんにもご迷惑をおかけしています。ただ、私は本当に、沖縄の外に米軍の基地をできる限り移すために、努力をしなきゃいけない。今までのように沖縄の中に基地を求めることが当たり前じゃないだろう。その思いで半年間努力してまいりましたが、結果として県外にはなかなか届きませんでした」

淡々と語っていた鳩山首相の口元がゆがみ、目はかすかにうるんだ。

衆院選の時に自ら「普天間は最低でも県外へ」と発言。沖縄では初めて選挙区の民主党議員二人を誕生させることができた。政権発足後まず行ったのは、米軍キャンプ・シュワブ沿岸部（沖縄県名護市辺野古）にV字形滑走路二本を建設する現行計画が決まった経緯の検証作業だった。

自民・公明政権は二〇〇六年、「再編実施のための日米のロードマップ」で米政府と合意していた（〇六年合意）。ロードマップは二〇一四年までに辺野古移設とともに、沖縄の海兵隊八〇〇〇人をグアムに移転する、という内容。「普天間移設見直し」に時間をかける考えを繰り返した鳩山首相に、オバマ米大統領は「海兵隊八〇〇〇人はどうする」と早期決着を迫ってきた。

しかし、鳩山首相は二〇〇九年一二月、「県外の可能性を米国に投げ掛けることもなく、現行合意に同意することには納得がいかない」と結論を先送りした。社民党が辺野古移設に反対し、連立離脱をちらつかせたことが大きく影響した。それから、期限を「二〇一〇年五月」と区切って新たな移設先を探してきた。鳩山首相の「腹案」は、沖縄に近い鹿児島県・徳之島。しかし米国から難色を示され、断念せざるを得なかった。さまざまな移設先案が浮上しては消え、その都度地元を混乱させ、次第に隘路《あいろ》にはまっていった。

米国の態度は硬かった。北東アジアの安全保障環境を理由に、在沖縄海兵隊の抑止力としての重要性を主張し、現行計画をがんとして譲らなかった……。鳩山首相は言葉を続けた。

「これからも県外にできる限り移すよう努力することは言うまでもありませんが、一方で北朝鮮が韓国の哨戒艦を魚雷で沈没させるという事案も起きています。北東アジアは、決して安全・安心が確保されている状況ではありません。その中で日米が信頼関係を保つことが、日本だけではなく東アジアの平和と安定のために不可欠なんだ。その思いの下で残念ながら沖縄にご負担をお願いせざるを得なくなりました」

一〇日前の沖縄再訪問で、鳩山首相は仲井眞弘多知事を前に次のような原稿を読み上げている。「昨今の朝鮮半島の情勢からもお分かりだと思いますが、今日の東アジアの安全保障環境に不確実性がかなり残っている中で、海兵隊を含む在日米軍全体の抑止力を、現時点で低下させてはならない」。だが、本当は「抑止力」論にはいまだに釈然としていなかった。

表情が再び、崩れた。米国、地元、連立の三者の合意を得るのが「五月末決着」だ、と自ら何度も言ってきた。それなのに、結局米国との合意だけだった。

「沖縄の皆さん方にも、これからもできる限り、県外に米軍基地を少しずつでも移すことができるように、新しい政権としては努力を重ねていくことが何より大切だ。社民党より、日米を重視した。けしからん。そのお気持ちも分からないではありません。ただ、今ここはやはり、日米の信頼関係を何としても維持させていかなきゃならないという悲痛の思い。是非皆さんにもご理解を願いたい」

「脱・対米追従」が旧民主党（一九九六年九月結党）時代からの鳩山首相の持論だった。九六年一〇月の衆院選公約には、沖縄に集中する駐留米軍の大幅縮小を意味する「常時駐留なき安全保障」を盛り込んだ。発想の源流は「おじいさんのＤＮＡ」（鳩山首相周辺）ともいわれる。党人政治家の筆頭格だった祖父・鳩山一郎元首相（一八八三〜一九五九）は戦後、連合国軍総司令部（ＧＨＱ）の公職追放令で政界からパージされたが、政界復帰後は「日ソ国交回復による米追従外交からの脱却」「自主憲法制定と再軍備の必要性」を唱え、政敵・吉田茂元首相が路線を敷いた「対米基軸・経済重視」の戦後外交と一線を画した。

二〇一〇年は日米安全保障条約改定五〇年にあたる。鳩山首相は、これを機に日米同盟を深化させる、普天間問題はその試金石だ、と言い、新しい日米関係を作るのだ、と考えてきた。ところが、結果は、外交・安全保障問題を巡る混乱の責任を取る形での退陣。奇しくも五〇年前、安保改定を巡る混乱の責任を取って辞任した岸信介首相と重なった。

「私は、つまるところ日本の平和を、日本人自身で作りあげていく時をいつかは求めなきゃならないと思っています。米国に依存し続ける安全保障をこれから五〇年、一〇〇年、続けていいとは思いません。だから鳩山が『何としても、少しでも県外に』と思ってきた、その思いをご理解願えればと思っています。その中に私は今回の普天間の本質が宿っている、そのように思っています」

首相の座にあった八ヵ月余りの大半は、決して「思い」通りに事が運んだわけではない。「政治主導」の名の下に空費した最初の数ヵ月を悔いつつ、議員たちに後を託す言葉を投げ掛けた。

「いつか、私の時代は無理でありますが、あなた方の時代に日本の平和をもっと日本人自身でしっかりと見つめられる環境を作ること。現在の日米同盟の重要性は言うまでもありませんが、一方でそのことも模索していただきたい」

この後、「政治とカネの問題」に触れ、小沢一郎幹事長との「ダブル辞任」を表明した。およそ二〇分間の辞任演説。結びの部分では、一〇年、二〇年先の理想と考える「東アジア共同体」に言及した。

「今すぐという話ではありません。でも必ず、この時代が来るんです。三日ほど前、済州島に行って、韓国の李明博《イミョンバク》大統領、中国の温家宝首相と、かなりとことん話し合ってまいりました。東アジア、我々は一つだ。壁に『ウィー・アー・ザ・ワン』と標語が掲げられていた。そういう時代を作ろうじゃありませんか。お互いに国境を感じなくなるような世の中を作り上げていく。そこで初めて、新たな日本を取り戻すことができる」

五月二九日、韓国・済州島であった日本、中国、韓国の首脳会談で、自由貿易協定（FTA）構想をはじめとする三ヵ国の協力推進のための常設事務局を、二〇一一年に韓国に設置することで合意していた。「東アジア共同体」構築に向けて、道筋はつけることができた――。志半ばで力尽きた鳩山首相の、ささやかな自負だった。

その日の夕方、記者団の質問に応じた最後のぶら下がり取材で、「理想主義を掲げた努力が普天間問題のように必ずしもよい結果を出さなかったが、反省は」と問われ、こう反論した。

「理想はやはり追い求めるべきものだ。やり方の稚拙さがあったことは認めたい。ただ、普天間が失敗に終わったみたいに思われているかもしれないが、私は必ずこれは、次代において、選択として間違ってなかったねと言って下さる時が来ると思っております」

辞任演説で、普天間問題の底流にあった「常駐なき安保」「脱米」への思いを吐露した鳩山首相。「総理の遺言だ」と、周辺は漏らした。

首相辞任後の二〇一〇年六月一八日、鳩山前首相は毎日新聞の松田喬和専門編集委員と政治部の山田夢留記者のインタビューに応じ、こう語った。

「辞めるなら普天間できりがついた時しかないと思っていた。政権が発足して、大変熱い情熱を国民の皆さんからいただいたが、政治とカネと普天間問題でかき消されてしまっていた。そのタイミングで自分と小沢幹事長が責任を取る形で辞めれば、情熱をもう一度よみがえらせていただけると思った」

鳩山首相の後を継いだのが、菅直人副総理兼財務相だ。六月三日夕の民主党代表選出馬会見で、菅副総理は「（普天間と政治とカネの問題という）二つの大きな重荷を、鳩山首相に自らが辞めることで取り除いていただいた」と明言。代表選に勝利した翌四日の就任会見で、普天間の移設先を「辺野古」周辺と明記した日米共同声明について、こう述べた。

「日米合意を踏まえると同時に、沖縄の負担軽減を重視する」

菅氏が首相に指名された直後の毎日新聞世論調査では、「菅首相に期待する」との回答が六三パーセントに上り、民主党政権に対する国民の期待感は、首相交代で「V字回復」した。七月の参院選を前にした鳩山氏の「決断」は、狙い通りの効果をあげたかに思われた。

感謝

首相辞任から約二週間後の二〇一〇年六月一七日。東京・赤坂から六本木にかけての一等地に広がる複合施設「アークヒルズ」の一角にある個人事務所で、鳩山前首相は一本の電話を受けた。相手は、ジョン・ルース駐日米大使。在日米大使館は、高台に広がる「アークヒルズ」の頂上付近にあり、米国政府からの賓客や派遣団が常宿にしているホテルオークラ東京に並んで位置する。ここから鳩山前首相の個人事務所までは歩いても五分程度の距離。だが、ルース大使は、六月八日に誕生したばかりの菅直人政権を慮《おもんぱか》ってか、事務所を訪ねることはしなかった。

「オバマ大統領から伝言があります。大統領は、鳩山総理が大変、政治的に困難な行動を取られたことについて、非常に感謝をし、評価をしています」

ルース大使が最初に伝えたのは、自身の辞任と引き換えに「辺野古」を決断した鳩山前首相に対する、オバマ大統領からの感謝の意だった。そして、「私からも」と言って続けた。

「沖縄県民に十分には理解されず、社民党も離脱してしまった。このことをあえて覚悟しながら、米軍普天間飛行場を辺野古に移設することを決断され、日米同盟を重視した鳩山総理に感謝したい」

鳩山前首相はこう応じた。

「そのお気持ちは、大変ありがたい」

オバマ大統領とのパイプを買われて二〇〇九年八月に着任したルース大使。八月三〇日の日本の総選挙で民主党が大勝し、「自民支配」を終焉させて政権交代を果たした際、「今回の歴史的な選挙」と表現して日本国民に祝意を示す談話を発表した（八月三一日）。だが、就任後の一〇ヵ月間は、普天間問題の迷走の激流に飲み込まれた。出口をなかなか見出せず、「だれが政策決定者なのか」という基礎情報すら探り出せず、苦悩した。

ルース大使は、IT産業で知られる米国西部シリコンバレーの国際企業を顧客とする「ウィルソン・ソンシニ・グッドリッチ・アンド・ロサティ」（本拠地・カリフォルニア州）の弁護士で、最高経営責任者（CEO）だった。国内七ヵ所、海外二ヵ所（上海と香港）に事務所を置き、総勢一五〇〇人を擁する大手法律事務所。そこで企業買収や合併を専門としていたルース氏は、CEOとして再生可能エネルギー分野に進出した。この分野は二〇〇八年の米国大統領選に出馬したバラク・オバマ氏が最優先に掲げた政策課題だ。ルース氏はオバマ陣営の「ベイエリア」（米西海岸のカリフォルニア州サンフランシスコ周辺の海岸地域）の資金調達責任者となり、カリフォルニア財務委員会の「バンドラー」（個人献金の取りまとめ役）として数百万ドルの資金をかき集めたほか、オバマ氏勝利の原動力となったインターネット献金システムの構築にもかかわった。

オバマ大統領と強固な信頼関係があるルース大使だが、駐日米大使には、当初はヒラリー・クリントン国務長官が推した知日派のジョセフ・ナイ米国ハーバード大学教授（クリントン政権時の元国防次官補）が有力だった。

それを覆したのは、二〇〇九年四月、北朝鮮による長距離弾道ミサイル発射を受け、国際連合安全保障理事会での対応をめぐって日米間が一時ギクシャクしたことがきっかけだった。オバマ大統領は日本との意思疎通の重要さを知り、ホワイトハウス主導の対日パイプを築こうとルース氏に白羽の矢を立てた。ルース氏も米国西海岸を代表する名門スタンフォード大学法科大学院時代にはインターンとしてホワイトハウスに出入りし、「いつか公務に就き、国に恩返ししたい」と考えていた。

しかし、ルース氏は、気候変動やエネルギー、貿易などの分野でこそ手腕を発揮してきた敏腕の国際派弁護士ではあったが、日本の政治や安全保障問題に対する知見は浅く、外交的手腕はまったくの未知数だった。

鳩山首相の真意がどこにあるかに、日本政府の当局者はだれも答えを出さなかったし、カギを握るのは民主党の小沢一郎幹事長だとみて様々なルートからアプローチしたが、「政策のことは話さない」とはぐらかされた。定まらない日本の政府方針に業を煮やし、首相官邸に押しかけて鳩山首相に直談判したこともあった。逆の立場で考えれば、ワシントンに駐在する日本大使が、米国大統領に直談判するためホワイトハウスに乗り込むなど、あり得ないことだ。

一方、オバマ政権は、後に鳩山首相が「オバマさんは最初から『辺野古』だから……」と社民党の福島瑞穂党首に漏らしたように、〇六年合意の大幅変更を許さなかった。

前政権の政策をレビュー（再検証）することはいいが、日米両政府間で合意した内容を覆すことには反対だ——。これが米国政府の確固たる態度だった。二〇〇九年初夏ごろ、ともに海兵隊出身の、ホワイトハウスのジェームズ・ジョーンズ大統領補佐官（国家安全保障問題担当）と、国防総省のウォレス・グレグソン次官補（アジア・太平洋安全保障問題担当）が「変更なし」を決めていた。

ホワイトハウスでは、オバマ政権が取り組むことになるアフガニスタンでのテロとの戦いが最大の安全保障問題だった。国防総省（建物の形状からペンタゴン＝五角形＝と呼ばれる）を仕切るロバート・ゲーツ国防長官が、ブッシュ共和党政権からオバマ民主党政権に交代しても異例の続投となったのは、イラク戦争からアフガン戦争へのシフトの重要性を物語るものだった。

日米関係では重大な支障をきたす問題があるのか？　二〇〇九年初頭、米政府高官は、「いや、ない」と明言し、こう続けた。

「日米は成熟した関係だ。世界経済を牽引し、金融危機や地球温暖化問題など新たな分野でさらなる協力関係を模索していく。問題は、台頭する中国だ」

着任直前の上院外交委員会の指名審査のための公聴会で、「日本の民主党は米国と距離を置くと言っているが、どう分析するか」と質問されたルース氏は次のように答えている。

「私もそうした発言を承知しているが、米日関係は深く、どんな政権であれその関係を維持していく。基本的に米日の同盟関係はとても強固だ、と確信している」

強固な日米関係があれば、すべてうまくいく、という期待が込められていた。

二〇〇九年二月二四日、オバマ大統領は正式就任後、初めてホワイトハウスに迎える賓客に日本の麻生太郎首相を選び、その約一週間前の一六日には、ヒラリー・クリントン国務長官が就任後初の外遊先となる東京に降り立った。

ワシントンは、ホワイトハウスも国務省も国防総省もシンクタンクもこぞって「オバマ政権の対日重視の表れ」と喧伝した。ルース氏も公聴会で、「これは日米二国間の特別な絆を強調したものだ」と証言した。

オバマ政権が敷いた対日布陣も盤石といわれた。ホワイトハウス、国務省、国防総省の「日本チーム」は、ルース大使を含めて二〇〇九年夏までに陣容がそろった。カート・キャンベル国務次官補（東アジア・太平洋担当）とグレグソン国防次官補を中核とする対日戦略チームは、民主党系知日派が勢ぞろいし、共和党系知日派からも「最強の布陣」との声が上がった。

ほかにも要所には、日本語を操る「ジャパン・ハンド」（日本専門家）が配置された。米政権の新たな布陣は、「沖縄の米軍基地問題」を通じて強い結束力を持つ集団であった。

しかし、鳩山政権は、とくに外務官僚を普天間問題の交渉から遠ざけ、従来の交渉窓口を失ったアメリカの「日本チーム」は、一時機能停止状態に追い込まれることがあった。米側の怒りの矛先は旧知の外務官僚に向かうが、「政治主導」の美名のもとで外務省は手も足も出せない状態だった。普天間問題の迷走の中で、ワシントンの「日本チーム」が孤立感を味わうこともしばしばあった。

オバマ政権がこれだけ日本重視の姿勢なのに、なぜ日本政府は米国を遠ざけようとするのか——。普天間問題を巡り、オバマ政権にはそんな空気があった。

ルース大使にとっては、二重苦だった。鳩山政権だけではなく、交渉に対するワシントンでの「受け止め」や「雑音」にも悩まされた。二〇〇九年一二月、岡田克也外相や北澤俊美防衛相に「本国は怒っている」と、板挟みになった身の辛さをぶちまけた。鳩山首相が、四七ヵ国の首脳・閣僚や国連機関代表が集まった二〇一〇年四月の核安全保障サミットで、オバマ大統領ときちんとした会談ができず、米紙ワシントン・ポストが鳩山首相を「最大の敗者」「ますます頭がおかしい」と論評したコラムを掲載。在日米大使館は対応に追われた。

鳩山政権を、〇六年日米合意に引き戻そうと動き、米国からの逆風を和らげる努力もした。その甲斐あってか、鳩山首相は、日米同盟の重要性を——沖縄との関係よりも——最終的に選んだ。

受話器越しに鳩山前首相はルース大使に伝えた。

「米国との関係は大変重要だ」

ルース大使は、鳩山前首相が辞任表明する前日の二〇一〇年六月一日、日本人記者数人との会見でこう答えている。

「鳩山首相は政治的には困難だったが、重要な決断をされた。新たな政権は――これはオバマ大統領自身が辿ってきた道だが――忍耐が必要になる。米国政府は忍耐強かったし、日本の首相や関係閣僚とパートナーとして協働してきた。日米同盟をいかに強化し、長期的かつ持続的に米軍のプレゼンスを維持するかについて話し合ってきた」

　そして沖縄の米海兵隊の抑止力がどう重要なのかを問う毎日新聞の及川正也記者にこう答えた。

「抑止力についても、いくどとなく、在日米軍のすべての軍（陸海空各軍と海兵隊）の駐留や役割について議論したし、全体的な抑止力や能力の中で位置付けられる海兵隊の重要性も論議してきた」

　米国政府は、核兵器開発を進める北朝鮮や、不透明な軍備拡大を続ける中国に対する抑止力の重要性を強調し、日米合意の履行を日本に迫り続けた。そして何より、日米同盟が一枚岩であることでアジア・太平洋地域の安定を促すという強い決意を示そうとした。

　長く対米外交に携わった外務省の現職外交官はこう言う。

「米国は日本と中国をカウンターバランスの装置として使い始めている。冷戦時代、米国にとって中国は旧ソ連を抑制するためのカウンターバランス装置だったが、いまは中国を抑制するために日本にその役割を期待している」

だから日本の政治的不安定は好ましい状況ではない、という理屈だ。

一方、二〇〇一年の同時多発テロを受けて、二〇〇四年から進めてきた世界的な米軍再編に関与した元国務省高官は、在日米軍再編の難しさをこう表現した。

「これは、science（科学）ではなく、art（芸術）だ。パズルのようなもの。いくつものピースがあって、一つをはめてみると、別のピースがかみ合わない。別々に基地を配置するのではなく、パッケージとしてまとめ上げる難しさがある」

米軍再編は「トランスフォーメーション（変革）」と呼ばれたが、米政府高官はよくこう言った。

「在日米軍は、すでにトランスフォームド（変革済み）で、いじりようがないほど完成されている」

沖縄は米国の「既得権益」であり、日本の防衛のみならず、イラクやアフガニスタンでの対テロ戦争の出撃拠点でもある。オバマ大統領の「感謝」には、鳩山前首相が米国の利益を守ってくれた、という意味合いもあった。だが、なぜ「県外」ではだめで、沖縄でなければならないのか、という根源的な議論は置き去りにされ、沖縄県と沖縄県民は蚊帳の外に置かれた。

差別

首相交代で政権の危機を切り抜けた日本と、鳩山前首相の「英断」に感謝した米国。「日米同盟重視」を最優先にした両政府の選択は、沖縄を失望のどん底にたたき落としていた。

「きょう私たちは『屈辱の日』を迎えた。沖縄はまたしても切り捨てられた。これは地方自治に対する侵害であり暴挙だ。『地域主権』などという資格はない。この国に民主主義はあるんですか」

「辺野古」周辺への普天間飛行場移設を決める日米共同声明が発表された二〇一〇年五月二八日夜。移設先とされた沖縄県名護市の稲嶺進市長は、市役所中庭で開いた抗議集会でそう語った。降りしきる雨の中、黄色のかりゆしウエアの上に透明ビニールのレインコートを着たその表情は、怒りと苦渋に満ちていた。時折り声を詰まらせながら、言葉の重みを確かめるように絞り出す一言一言が、集まった人々の胸に食い込んだ。

屈辱の日。沖縄ではこれまで、四月二八日をそう呼んできた。一九五二年、対日講和条約の発効で沖縄が本土から切り離され、米軍統治が合法化された日だ。それから沖縄では朝鮮戦争を背景に基地が集中的に作られる一方、本土では憲法九条の下で「専守防衛」の自衛隊と、憲法上制限される有事の攻撃力を補う存在として日米安保体制が整備された。七二年に沖縄は本土復帰したが、米軍基地はほぼ変わらない割合で存在し続け、日本国土のわずか〇・六パーセントの県土しか持たない沖縄に、七四パーセントの米軍専用施設が集中している。

抗議集会は同時刻に那覇市の県庁前でも開かれ、その模様はテレビ中継された。稲嶺市長の言葉によって、五月二八日は新たな「屈辱の日」として県民の記憶に刻み付けられた。抗議集会で採択したアピール文は、共同声明をこう断じて、撤回を求めた。

「沖縄にさらに新たな基地を押しつけようとする合意は『沖縄差別』そのもの」

稲嶺市長は二〇一〇年一月の市長選で誕生した、初めての「普天間県外移設」を主張する市長だ。鳩山首相が二〇〇九年夏の衆院選で「最低でも県外」と訴え、政権交代後には、辺野古移設を見直すと表明。「結論は名護市長選と沖縄県知事選の間」として、民意を見極める姿勢を示したことで、市民の期待が高まった。

そんな鳩山政権に八ヵ月余りの間振り回され、「条件付き県内移設容認」の姿勢をじわじわと変えていったのが、沖縄県の仲井眞弘多知事だ。

鳩山首相が辞任表明した二〇一〇年六月二日午後、知事は記者団に感想を語った。

「私も国民の一人として、あれっという驚きですよ。まさか、と。今後の国会運営や参院選に対するいろんな考えが総合されて、退任されることになった、と理解しています。辺野古とか、基地の話は政策の一つ。むしろ、政党、選挙、連立という政治的な事柄を、縷々《るる》おっしゃっていた」

政局的配慮を優先した、との恨み節だった。仲井眞知事は共同声明発表を受けて「県や地元の了解を経ずにこのような移設案が決定されたことは誠に遺憾であり、受け入れることは極めて厳しい」と明言。日米合意を先行させた政府を批判した。さらに、「県外移設を求める沖縄県民の声を真摯《しんし》に受け止め、県民の納得のいく形で解決策を示していただきたい」と注文を付けた。これから解決策を示してくれるはずだった鳩山首相が、突如政権を投げ出したのだから、無理もなかった。

「今後、知事のスタンスはどうなるか」

そう聞かれた知事は「今現在変える気は毛頭ない」と即答し、言葉を続けた。

「日米合意は、きちっと協議を受けた記憶も、意見を申し上げた記憶もない。四月二五日に県民大会があり、その後（鳩山首相が沖縄に）五月四日、二三日に見えて、急ぎすぎだった。バタバタと。県民の意向、県内の状況を正確に把握されていたのかどうか」

共同声明に対する沖縄県民の反発はすさまじかった。毎日新聞と琉球新報が合同で行った県民世論調査では、辺野古移設に「反対」との回答が八四パーセントを占めた。内閣支持率はわずか八パーセントと、七ヵ月前の調査で示された六三パーセントから急落した。「最低でも県外」「地元合意を得ての五月末決着」の約束を破った鳩山首相への不信感だった。一方で、仲井眞知事を「支持する」と答えたのは五七パーセント。前回調査の四〇パーセントから上昇した。共同声明を転換点として、鳩山首相と仲井眞知事に対する支持が逆転したことになる。

仲井眞知事は旧通産省の中央官僚出身。沖縄電力会長などを務め、二〇〇六年一一月に知事に初当選した。辺野古にＶ字形滑走路を建設する計画を含む〇六年合意の半年後、米政府と合意した自公政権の全面的な支援を受けての当選だった。それ以来、日米合意よりもさらに沖合に移動するよう求めてきたものの、県内移設容認の姿勢は、自公政権下では明確だった。日米合意に対する「頭越し」との批判も、政府側からなるべく多くの譲歩を引き出すための、条件闘争の手段だった。

鳩山政権発足時には、こう言い切っていた。

「ベストは県外だけれども、現実的には県内もやむなしというスタンスだ」

しかしその後、鳩山政権が「ゼロベース」を標榜《ひょうぼう》して、辺野古移設を含めた見直しに時間をかける間に、県内では鳩山首相が掲げた「最低でも県外」への期待感が高まり続けた。名護市長選では、Ｖ字形案で県に先行して防衛庁（当時）と合意した現職の島袋吉和市長が落選。知事は「沖合移動要求」の条件闘争を連携して展開するパートナーを失った。

初の「県外移設」派、稲嶺市長の誕生は、普天間問題において大きな意味を持つ。一九九六年の返還合意後、政府は名護市を「最有力の移設先」とにらんで振興策を材料に説得工作を開始。当時の比嘉鉄也市長が北部振興策を条件に受け入れを表明して辞任して以来、移設容認派の市長が続いてきたからだ。県民の民意は一層反対に傾き、県議会は二〇一〇年二月、初めて「普天間の早期閉鎖・返還と、県内移設に反対し国外・県外移設を求める意見書」を全会一致で可決。同時に、これも初となる超党派による県民大会の開催を決めた。

「保守＝県内移設」対「革新＝国外・県外移設」という二元対立構造が「超党派」に変わったのもまた、民主党による政権交代の影響だ。普天間問題は、県内移設を進める自民・公明系に対し、反対する社民・共産などの革新系という構図で、各種選挙の争点となってきた。民主党は野党時代、「反自公」路線を鮮明にし、「県内移設反対」を訴えて革新系共闘の枠組みの中にあった。政権交代後も、政府が「県内移設」に傾く一方、党県連は「国外・県外」を主張し続けた。一方で自民党県連は、選挙での争点化を狙って「国外・県外」に方針転換。条件付き容認の立場を自公政権から保ち続けてきた仲井眞知事は、ぎりぎりまで迷った揚げ句、民意に押される形で県民大会二日前に参加を決断した。

「鳩山政権は昨年の衆院選で多くの県民、国民の支持を得てスタートした。公約に沿って、ネバーギブアップ、しっかりやってもらいたい。終戦から六五年、戦争の痕跡はほとんどなくなったが、米軍基地はほとんど変わりなく目の前にある。過剰な基地負担には、差別に近い印象すら持つ。私は日米同盟を支持する立場だが、応分の負担をはるかに超えている」

二〇一〇年四月二五日、沖縄県読谷村《よみたんそん》であった「普天間の国外・県外移設を求める県民大会」で、仲井眞知事はこうあいさつした。県内全四一市町村長（二人は公務のため代理）が出席。知事に続いて、普天間を抱える宜野湾市の伊波洋一市長があいさつに立ち、こう述べた。

「普天間問題は県内移設の条件付きでは永遠に解決できない。あくまで米国が普天間飛行場の代替施設を県内に造れと言い続けるのなら、沖縄から米軍の撤退を求めていかなければならない。米国の計画では沖縄海兵隊のほとんどがグアムに移転する。そのことを確認しあった上で、残りの部隊を（米自治領北マリアナ連邦）テニアンなどへ移転するよう要求すべきだ」「辺野古回帰」に傾く政府に配慮して、県内移設反対を明言しなかった仲井眞知事に対し、米軍撤退の可能性にまで言及した伊波市長。「世界一危険な普天間飛行場を沖縄県民に押しつける米国に妥協するわけにはいかない」と言い切ると、拍手喝采が起こった。

伊波市長は宜野湾市職員労働組合執行委員長、県議を経て、二〇〇三年市長に初当選。日米両政府に対し、普天間の危険と早期返還を訴え続けてきた。一一月の知事選では、強力なライバルとなる可能性がある……。仲井眞知事は県民大会を機にますます、「国外・県外」に傾いていった。

ただ、この時点では、沖縄県民はそれでもまだ、鳩山首相に一縷《いちる》の望みを抱いていた。「岡田外相がルース駐日米大使に対し、普天間を辺野古に移設する現行計画を微修正して受け入れると表明した」と米ワシントン・ポスト紙が報道したのに対し、鳩山首相がこうはっきりと否定してみせたからだ。

「あの辺野古の海が埋め立てられることは、自然に対する冒瀆《ぼうとく》だ。現行案が受け入れられるというような話があってはならないことだ」

しかし鳩山首相は五月四日の沖縄初訪問で、県民の期待をあっさりと打ち砕いた。仲井眞知事と県庁で行った会談で、こう述べたのだ。

「海外という話もなかったわけではないが、現実に日米同盟関係、近隣諸国との関係を考えた時に、抑止力という観点から難しいという思いになった。すべてを県外にということはなかなか現実問題難しい。ぜひ沖縄の皆さんにもまたご負担をお願いしないとならない」

「国外・県外」で、知事を先頭に県民が一つになった県民大会からわずか九日。首相自ら公約してきた「最低でも県外」からの方針転換である。到底、納得できる釈明ではなかった。東アジアの安全保障環境を理由にした、抑止力としての在沖縄海兵隊の必要性。自公政権時代、繰り返し聞かされてきた理屈と何ら変わるところがない。抑止力を巡るオープンな議論も一向になされておらず、県外を断念する新たな根拠も示されないままだ。

さらに五月二三日の沖縄再訪問は決定的だった。首相は「代替地は辺野古付近にお願いせざるを得ない」と、「辺野古」明言まで一気に踏み込んだ。

「私自身の『できる限り県外だ』という言葉を守らなかったこと、その過程の中で、県民に大変混乱を招いたことを心からおわびする」

首相は仲井眞知事にこう言って陳謝した。しかし、前日二二日の日米審議官級協議で、米側に譲歩して「辺野古」を共同声明に盛り込むことで合意したばかり。米国に急《せ》かされる形での「辺野古」明言で、「結局、沖縄より米国か」と県民の怒りは頂点に達した。首相と知事との会談の最中、県庁の周りは「裏切りは許さないぞ」「県民をばかにするな」というシュプレヒコールの嵐。県議四八人中三六人が「県内移設を断念せよ」と書かれた横断幕を掲げ、座り込んだ。首相の行く先々で、黄色地に赤字で「怒」と書かれた紙を掲げる県民らが詰め掛け、「公約を守れ」と声を上げた。

その一〇日後、鳩山首相は辞任した。沖縄県民にとっては「最低でも県外」の公約に反し期待を裏切った張本人であると共に、県内移設の不条理さを閣内でたった一人、最後まで訴え続けてくれた希望の星でもあった。県内からは「辺野古と決めたこと以外では、鳩山さんは沖縄のために頑張ってくれた」（那覇市の六五歳無職男性）など、惜しむ声も上がった。

しかし「普天間問題を巡る混乱の引責」はしょせん、ごまかしに過ぎない。内閣支持率の回復という目的を遂げ、後任の菅首相が「日米合意を踏まえる」と宣言したことにより、県民が受け入れられない「県内移設」という決着を選んだ政府の責任は雲散霧消した。

何より沖縄の人々にとって衝撃だったのは、「本土はやっぱり沖縄の痛みに無関心だった」と改めて気付かされたことだった。

菅内閣発足後の毎日新聞世論調査（二〇一〇年六月八、九日実施）によると、菅首相が共同声明を踏襲する考えを示したことに対し、「日米合意通りに進めるべきだ」が五一パーセント。「進めるべきでない」の四〇パーセントを上回った。共同声明発表直後の五月末の調査では、辺野古移設に「賛成」四一パーセント、「反対」五二パーセントだったから、「辺野古移設」の内容が同じなのにもかかわらず、世論の評価が首相交代を境に逆転したわけである。

普天間返還合意当時、大田昌秀知事の下で政府との交渉窓口を務めた吉元政矩《よしもとまさのり》元沖縄県副知事は、六月二七日、毎日新聞の上野央絵記者の電話取材に対し、鳩山首相の辞任劇をこう総括した。

「一九五二年の対日講和に伴い沖縄を本土から分離した背景に、四七年に天皇が米側に伝えた、いわゆる『沖縄メッセージ』がある。米軍の沖縄駐留継続を望むと同時に、共産主義の影響を懸念する日本国民の賛同も得られる、との考えを示した内容だ。これが日米両政府の基本方針であり、七二年の本土復帰でも、八九年の東西冷戦終結後も、変わらなかった。北朝鮮、中国の脅威を理由に沖縄に基地を置き続けようという米国の意思は変わることがなく、鳩山首相は米国の最も嫌なところに触れてしまった。(二〇一〇年五月二八日の)日米共同声明で確認された『沖縄の負担軽減』の真の狙いは日米軍事一体化。民主党政権がこの路線を踏襲するというのであれば、政権交代の意味はない」

政府と沖縄の関係を根本的に変えた、鳩山政権の普天間問題。何がどう変わったのか。始まりは鳩山首相辞任の一〇ヵ月余り前、あの「熱い夏の戦い」に遡《さかのぼ》る——。

第二章　政権前夜の「誤解」

「最低でも県外」

鳩山由紀夫民主党代表が、衆院選の重点地区・沖縄へと空路向かったのは、衆院解散を二日後に控えた二〇〇九年七月一九日だった。窓越しに広がる南西諸島の島々と青い海。本土より一足早く真夏を迎えていたこの日の沖縄地方は、灼熱の太陽がまぶしく照り付け、日中気温が三〇度を超える真夏日となった。中央政界では、自民党の麻生太郎首相が「七月二一日に衆院を解散する」と各党に通知し、「八月三〇日総選挙」に向けて各党党首が激しい「舌戦」を各地で繰り広げていた。なかでもここ沖縄は、最大の主戦場のひとつ。空白区・沖縄での議席奪取は、民主党の悲願だった。

日々の遊説で、小麦色にこんがりと日焼けし、薄ピンク色の沖縄特有のシャツ、かりゆしウエア姿でタラップを降りた鳩山代表は、政権交代への高揚感を早くも漂わせていた。今回の衆院選では初めての沖縄遊説。翌日の新聞各紙朝刊には「あす衆院解散」の見出しが躍ることになる。鳩山代表の一挙手一投足を見逃すまいと全国紙や大手テレビ局から多くの記者が同行していた。鳩山代表は沖縄の議席だけでなく、祖父一郎氏に続き、鳩山家から二人目となる首相の座を目前にしていた。初当選から二三年目、六二歳だった鳩山代表はまさに人生の絶頂期を迎えようとしていた。

鳩山代表は、このときの沖縄訪問を大きな節目ととらえていた。沖縄入りした以上、最大の焦点である米軍普天間飛行場（沖縄県宜野湾市）の移設問題に触れないわけにはいかない。沖縄県の仲井眞弘多知事は、沖縄県名護市辺野古のキャンプ・シュワブ沿岸部を埋め立て、V字形の二本の滑走路を建設する現行計画を受け入れず、建設場所をより沖合に移動させる修正を、自公政権に求めていた。が、要求する沖合移動の幅は数十メートルから数百メートルまでさまざま。実際には現行計画受け入れのための条件闘争の側面が強く、現実路線といえた。

それに対し、民主党の普天間問題に関する基本方針は、「国外・県外」だ。より現実的な仲井眞知事案に乗るか、政権交代の斬新さをアピールするために「国外・県外」を持ち出すか。鳩山代表は迷わず、「国外・県外」を選んでいた。衆院選を前に、民主党県連が普天間飛行場の「国外・県外移設」を掲げ、県内移設に反対していたことも大きいが、自公政権の政策の大転換を示す絶好の機会だったからだ。

那覇空港から鳩山代表が最初に向かったのは、午後二時過ぎから予定されていた那覇市の「ロワジールホテル那覇」での集会「7・19政権交代前夜　民主党・国民新党が日本を変える！」。会場には、国会で民主党と連携する亀井静香国民新党代表代行の姿があった。日ごろ、「政権交代は五〇〇パーセント起きる」と豪語していた亀井代表代行は、約一〇〇〇人の聴衆を前に、徹底した自公政権批判を展開した。

「麻生自公政権は、景気対策と称して選挙対策の予算をばらまいている」

続いて演壇に立った鳩山代表もこれに呼応した。

「地域のことは、地域で解決できる世の中にしたい。沖縄県では民主党、国民新党に社民党さんも入れて、全選挙区で勝利したい」

この後、那覇市から車で小一時間の沖縄市に移動。午後四時から沖縄市民会館で沖縄三区の民主党公認、玉城《たまき》デニー候補の集会「政権交代の集い」が開かれた。ここが鳩山代表の決意を表明する場となった。会場の会館中ホールは、三〇〇人を超す聴衆で満席となり、立ち見も出る盛況ぶりだった。

「官僚に任せた政治はもういい。沖縄の問題は沖縄の皆さんと一緒に議論して答えを見出していきたい」

「沖縄重視」で口火を切った鳩山代表は、日米安保について「大事な発想」としたうえで、「辺野古」移設を盛り込んだ現行計画「再編実施のための日米のロードマップ」（〇六年合意）の見直しに言及した。

「米国と日本の政府がまとめたものを何も変えてはならないということは、違うのではないか。辺野古には私も行ったが、あんな美しいところに滑走路を造る発想が、どうしてもストンと落ちない。これ以上、沖縄県民に負担を申し上げるべきではない。(日米間で)議論を進めていく中で、最低でも県外の移設に皆さん方がお気持ちを一つにされておられるならば、その方向に向けて積極的に行動を起こさなければならないと思っている」

演説に興が乗ると、こぶしを握った右手を高く振り上げる、いつものポーズを繰り返した。

現行計画が、厳しい外交交渉の末に合意した「ガラス細工」だと知らないわけではなかったが、それを承知で、さらに踏み込んだ。

「(日米間の)信頼関係の中で、決して不可能なことはない。信頼関係さえ築けば、県民、国民の皆さんの気持ちは(米国に)必ずわかっていただける」

会場は万雷の拍手に包まれ、様子を見ていた党本部の同行職員は「いい手ごたえだ」と満足そうに漏らした。

「最低でも県外」——。鳩山代表にすれば、民主党の従来の基本政策を繰り返したに過ぎなかった。独自の対米観と沖縄観、米軍基地縮小と県民との連携も、かねてからの持論で、すでに何度も口にしてきたことである。だが、この局面での発言は、たとえ目新しい内容でなかったとしても、沖縄や米国にとっては新しい「首相」からの明確なメッセージとして受け止められる。鳩山代表はあまりに無頓着すぎた。

翌日の全国紙東京本社版では、毎日新聞が三面で「普天間県外移設『米側と協議へ』」の見出しで報じたほか、「普天間県外移設『積極的行動を』」(朝日二面)、「普天間移設先『最低でも県外』」（日経二面）などと関心を呼んだ。いずれもベタ記事扱いだったが、短くても記録に残されたこの発言が、後々、鳩山代表の首を真綿のように締め上げていき、最後は鳩山政権を奈落の底へと追い落とすことになる。

沖縄への思いと「常駐なき安保」

一九九六年の旧民主党結党以来、鳩山氏には沖縄への思い入れがあった。民主党が現在の「沖縄政策」の原形を策定したのは二〇〇二年八月。一九九九年に初めて策定した「沖縄ビジョン」をベースにまとめたが、この時点では普天間飛行場移設には触れていなかった。

しかし、二〇〇五年八月に発表された「沖縄ビジョン改訂版」では、普天間飛行場について「ひとまず県外への機能分散を模索」し、戦略環境の変化を踏まえ、「国外移転を目指す」と明記した。これは「民主党政権になった場合、普天間飛行場返還を早期に実現させる」との当時の岡田克也代表の意向を反映させたもので、衆院選前年の〇八年七月に再改訂版としてまとめた「沖縄ビジョン２００８」に引き継がれた。

民主党の最初の沖縄政策が練り上げられた前年の一九九八年、当時の菅直人代表・鳩山幹事長の執行部は、党大会の場所に沖縄を選んだ。一月一八日、那覇市最大の「ハーバービューホテル」で開催された党大会は、「沖縄重視」のメッセージをふんだんに取り入れた。新進党解党を受け、四月の新民主党結党につながる野党統一会派「民友連」を結成したばかり。鳩山幹事長はこの党大会での質疑応答と、その後の記者会見で、政府案だった沖縄県名護市沖の海上ヘリポート建設に反対の意向を示し、代替案として自身の選挙区・北海道への誘致まで表明した。

「地元の理解が得られておらず、政府の推進手法は誤りだ。代替地が役割を果たし得るか考えないといけないが、選挙区（北海道）への（移転の）可能性を地元で問いかけている」

そして、時の首相・橋本龍太郎氏の責任論にも言及した。

「ヘリポート建設が白紙に戻るなら、橋本龍太郎首相の責任論は当然浮上する」

菅代表も党大会の質疑で、普天間飛行場移設についてこう言明した。

「沖縄から本土への移転も、考えなければいけない選択肢だ」

鳩山幹事長は、自身の選挙区にある北海道の苫小牧東部地域（苫東地域）への移設の可能性を探っていた。苫東移設案は、沖縄党大会から一年半後の一九九九年六月、政府系シンクタンク・総合研究開発機構（ＮＩＲＡ）が提言した。しかし、当時の野中広務官房長官は「海兵隊が沖縄で果たす役割などから考えると、北海道に行けるような情勢にはない」と否定した。

実は、この案は、一九九六年の日米特別行動委員会（ＳＡＣＯ）の協議で、日本側が打診したものの、米側の担当者だったカート・キャンベル国防次官補代理（現国務次官補）が消極的な姿勢を示し、立ち消えになった経緯があった。

ＳＡＣＯは一九九五年の沖縄少女暴行事件をきっかけに、日米両政府が設置した沖縄米軍基地の整理・縮小に向けた協議機関。九六年にまとめた最終報告には、普天間飛行場を含む六施設の全部返還、五施設の一部返還が盛り込まれた。しかしほとんどの施設返還が県内移設を前提としたため地元自治体の反発を招き、目標通りには進まなかった。その最たる例が普天間だった。

沖縄党大会から一一年。鳩山代表は再び「県外」を掲げた。自公政権の米国追従路線から脱却し、普天間飛行場を「最低でも県外」に移設させる、という「公約」は、沖縄県民にとって、まばゆいばかりの「希望の政策」になるはずだった。

鳩山首相が、「県外移設」にこだわるもうひとつの理由が、「常時駐留なき安全保障」構想である。旧民主党時代からの持論で、一九九六年一〇月の衆院選公約にはっきりと盛り込まれている。二〇〇九年の衆院選マニフェストにあった「緊密で対等な日米同盟」の根っこには、この構想がある。

新民主党結党直後の一九九八年五月、東京都内でのフォーラムで鳩山幹事長代理（当時）は「常駐なき安保」を、およそ次のように解説している。

「決してかつての社会党的な反米・反基地・反安保から出ているのではありません。日本の外交があまりにもアメリカに依存し過ぎていないか。もっと独立した発想による日本の外交をつくり上げていく時期がそろそろ来ているのではないか。未来永劫にわたって、他国の軍隊が駐留し続けるという状況は自然だとは思わない。むしろどんなに時間がかかってもよいから、常時駐留しない状況をつくる努力こそ開始しなければいけない」

鳩山氏が「常駐なき安保」の思想を意識し始めたのは米国留学時代だった。鳩山氏は、東京大学工学部を卒業後、一九七〇年代に六年間、米国カリフォルニア州にある名門・スタンフォード大学に留学した。鳩山氏周辺によると、留学中の七六年、米国建国二〇〇年祭を見て「米国人の愛国心、国に対する誇りに強い感銘を受け、国家の自立の必要性を強く意識した」という。

米国を手本に、米国から離脱する。「米国基軸」と「脱米国」の矛盾をはらむ発想がこのころ、芽生えていた。鳩山氏は同じフォーラムで日米関係の将来についてこうも指摘した。

「(常駐なき安保を)議論をするときには日米安保から出発してしまうと、議論ができにくくなります。たとえ五〇年、一〇〇年かかったとしても、日本の国土の中にアメリカの軍隊が常時駐留していることがない状況をつくるために努力すべきだ。例えば、北朝鮮が韓国との間で統一を果たす状況になったときには、アジアに現在駐留している米軍の規模の一〇万人をもっとフレキシブルに減少させていくことは十分可能になるのではないか」

また、冷戦終結の世界情勢にも触れた。

「ソ連がロシアになったという大きな変化があったにもかかわらず一〇万人体制を変えない。アジアにおいてはまだ冷戦構造が継続しているという状況がアメリカから伝えられ、日本もそれを当然のこととして考えてしまうこと自体がおかしいのではないかと、私はむしろ申し上げたい。そのような流れの中で、新しい民主党の中においても、常時駐留なき安保の精神は受け継がれている」

「常駐なき安保」の考え方は、普天間の「国外・県外移設」と通底していた。

「沖縄の海兵隊は全部、私の地元の苫東に持っていきましょう。将来的には出ていってもらって、有事駐留の場にしましょう」

鳩山氏は一九九六年の旧民主党結党直前、政府と沖縄県の交渉窓口だった吉元政矩副知事にそう持ち掛けていた。吉元副知事は、橋本首相と大田昌秀沖縄県知事の仲介役として動いた下《しも》河辺《こうべ》淳《あつし》元ＮＩＲＡ理事長につなぎ、ＮＩＲＡの提言へとつながった。

「新田原、築城」案

二〇〇九年七月二一日午後一時からの衆院本会議で、日本国憲法第七条により衆院が解散された。政府は選挙期日を「八月一八日公示、八月三〇日投開票」と閣議で正式決定し、「政権交代選挙」が火蓋を切った。鳩山代表の「最低でも県外」発言にまず反応したのは、辺野古移設を決めた自民党ではなく、民主党の知米派議員たちだった。

この日、国会内で開かれた民主党代議士会後、長島昭久副幹事長は、前原誠司副代表と示し合わせて鳩山代表を呼び止めた。長島副幹事長は、米外交問題評議会研究員、ジョンズ・ホプキンズ大大学院ライシャワー東アジア研究所客員研究員などを歴任し、前原副代表とともに共和党のリチャード・アーミテージ元国務副長官、マイケル・グリーン元国家安全保障会議（NSC）上級アジア部長、民主党のカート・キャンベル国務次官補らとのパイプを持つ、党内きっての安全保障専門家だ。

「いったい、どういうつもりなんですか」

長島副幹事長は、沖縄で鳩山代表が表明した「最低でも県外移設」発言の真意を問いただした。米国を刺激すると懸念したからだった。

前原副代表も、「あまりハードルを上げないほうがいいですよ」と忠告した。

だが、長島副幹事長の問い掛けに対する鳩山代表の返答は、予想外のものだった。

「日米2プラス2（外務・防衛担当閣僚による安全保障会議）の合意に新田原《にゅうたばる》、築城《ついき》と書いてあるんでしょう」

鳩山代表が想定している「県外移設先」は、航空自衛隊の新田原基地（宮崎県新富町）と築城基地（福岡県築上町など）を念頭に置いている。長島氏はそれを知り、驚きを隠さなかった。新田原基地には九州南部から南西諸島の防空拠点である第五航空団司令部、築城基地には中国地方から九州北部の空域を預かる第八航空団司令部がそれぞれある。北朝鮮や中国をにらんだ航空自衛隊の「空の守り」の要となる最重要施設だ。

日米の外務・防衛担当閣僚は〇六年合意に先立つ二〇〇五年一〇月の合意文書「日米同盟未来のための変革と再編」で、普天間飛行場代替施設に関連し、「緊急時における航空自衛隊新田原基地及び築城基地の米軍による使用が強化される」と明記。半年後の〇六年合意では「緊急時の使用のための施設整備は普天間返還前に必要に応じて行われる」とした。

長島副幹事長は、鳩山代表の誤解を解こうと躍起になった。

「あれは普天間の機能の三分の一（有事の緊急展開）を移すという意味です」

普天間飛行場の常駐機能を移すものではない、と強調する長島氏の説明に、鳩山代表もひとまず納得したようだった。だが、最初の「腹案」が、まったくの「勘違い」から出てきたことは、鳩山代表の稚拙な軍事知識を露呈させ、その後の迷走劇を予感させるには十分だった。この誤解から生まれた「新田原、築城移設案」は、産経新聞が報じ、浮かんでは消える様々な移設先案を巡る熾烈《しれつ》な報道合戦の先陣を切るかたちとなった。

「最強の日本チーム」誕生

米国では政権交代が起きるたびに、政治の街ワシントンで大規模な引っ越しが行われる。ホワイトハウスの上級スタッフはもちろん、各省庁の幹部は新大統領の指名を受ける政治任用のポジションを中心に総入れ替えとなる。二〇〇八年一一月四日、黒人系初の米国大統領の座を射止めたバラク・オバマ上院議員は、大統領選当選直後から、重要な国家機密を知りうる立場となった。イラク戦争やアフガニスタンでのテロ掃討、イランの核開発や北朝鮮の弾道ミサイル・核兵器開発など、安全保障の根幹に関わる問題について詳細なブリーフを国家情報長官らから受け、政権移行期間を経て、翌〇九年一月二〇日の大統領就任直後からフル稼働できるように大統領としての準備が進められる。

オバマ新政権のスタッフは、政権移行期間中に当然ながらアジア政策についても話し合った。焦点は中国だった。国務省の高官は〇九年初頭、「オバマ政権にとって対中国外交がもっとも重要になる」と語っていた。ホワイトハウスでアジア政策の仕切り役となるアジア上級部長には、ワシントンの民主党系・中道系の有力シンクタンク、ブルッキングス研究所でジョン・ソーントン中国研究センター所長を務めていたジェフリー・ベーダー氏が起用された。ベーダー氏は中国専門家として知られる。

一方、オバマ大統領はホワイトハウスに招く最初の賓客に日本の首相を選び、ヒラリー・クリントン国務長官は最初の外遊先として日本を選んだ。日本重視の姿勢の背景には、経済的にも軍事的にも台頭する中国に対抗するには、アジア・太平洋地域において強固な日米同盟の存在を印象付けておく狙いがあった。中国をにらんだ日米連携。こうした戦略のもと、オバマ新政権は、「最強の日本チーム」の構築に着手し、〇九年五月までに「日本チーム」の主要人事が固まった。

・ホワイトハウスの国家安全保障会議(NSC)……ジェームズ・ジョーンズ大統領補佐官(国家安全保障問題担当)、ジェフリー・ベーダー・アジア上級部長、ダニエル・ラッセル日

本・韓国部長
・国務省……カート・キャンベル次官補（東アジア・太平洋担当）、ジョセフ・ドノバン筆頭次官補代理（日本・朝鮮・地域安全保障政策担当）、ケビン・メア日本部長
・国防総省……ウォレス・グレグソン次官補（アジア・太平洋安全保障問題担当）、デレク・ミッチェル筆頭次官補代理（アジア・太平洋安全保障問題担当）、マイケル・シファー次官補代理（東アジア担当）、スーザン・バサラ日本部長（※二〇一〇年四月に駐日米大使館に赴任。後任にクリス・ジョンストーン氏）

要は、ホワイトハウス・NSCのベーダー・アジア上級部長――国務省のキャンベル国務次官補――国防総省のグレグソン国防次官補のラインだが、彼らを補佐する布陣も強力だ。ドノバン筆頭国務次官補代理はブッシュ政権時にジョン・トーマス・シーファー駐日米大使を補佐する首席公使として東京の米国大使館に赴任していた。メア国務省日本部長は職業外交官で、正式に着任する〇九年八月まで約三年間、駐沖縄米総領事だった。

ミッチェル筆頭国防次官補代理は、ペンタゴン有数のアジア通で、かつて日本部長も務め、クリントン政権期の一九九八年の「東アジア戦略報告（EASR）」の作成に携わった。シファー国防次官補代理はアジア・太平洋問題の専門家として二〇〇八年の米大統領選ではオバマ大統領候補の対日政策立案チームに所属。女性のバサラ国防総省日本部長は元海軍士官で慶応

義塾大学への留学経験もある。気さくな人柄で、ある日本政府高官が「とてもチャーミングで、外務省、防衛省の男どもはみんな彼女が大好きなんだ」と漏らすほどの人気ぶりだ。

バサラ日本部長は、ブッシュ政権時の〇六年合意の日米交渉にも携わり、防衛省に太い人脈を持つ。普天間移設問題がヤマ場を迎えた二〇一〇年四月、国防総省から駐日大使館に派遣され、ルース大使の補佐役として普天間問題を仕切ることになる。オバマ政権の日本チームのうち、キャンベル次官補は「辺野古移設」に交渉役として直接関与しており、グレグソン、ミッチェル両氏も当事者だった。

一方、ワシントンで窓口となる藤崎一郎駐米大使にとっては、いずれのメンバーも旧知の仲だった。藤崎大使はクリントン政権期に駐米日本大使館の政務担当公使を務め、後に外務省北米局長として普天間問題に関与していた。鳩山政権で日本側の責任者となった梅本和義外務省北米局長は北米局日米安全保障条約課長を務めたアメリカン・スクールのエリートで、キャンベル次官補らと親交が厚い。

しかし、米国の手厚い「日本チーム」の陣容が、後に鳩山政権との亀裂を生む遠因ともなる。鳩山政権のある高官は後にこう述べた。

「今回のアメリカの交渉チームは、クリントン政権やブッシュ政権で辺野古決定プロセスに関与したメンバーばかりだ。以前の交渉でもいろいろ検討して最後に残った案が辺野古だった。その同じメンバーで協議をやっている。アメリカ側の担当者は、『最後は辺野古になる』とワシントンに報告している。違う結果になればそいつらの首がかかっている。だから、米国側は、日米関係が危険だと騒いで、移設先を辺野古とする現行計画通りにしようとしている」

米国は「現行計画」

「対等な日米関係」、「常駐なき安保」、そして「東アジア共同体構想」……。鳩山代表が掲げるスローガンは、米国からみると、いずれも日米関係に変化をもたらす「呪文」のように映り、ワシントンの知日派グループの中では、「友愛って何だ」「今は対等ではないのか」「米軍に出て行けということか」と、いぶかる声があちこちから漏れ出していた。

普天間問題もそのひとつだったが、むしろ米国がやっかいだと考えていたのは、〇六年合意に基づく在沖縄海兵隊八〇〇〇人のグアム移転問題だった。米議会は、あまりの巨額経費に難色を示していた。

米軍再編を推進したブッシュ前政権からオバマ政権への政権移行期にあたる二〇〇八年末以降、日米合意の履行を巡って米政府内にも揺れが生じていた。

オバマ上院議員（民主党）が、共和党のジョン・マケイン上院議員に勝利した米大統領選からわずか三日後の二〇〇八年一一月七日、米国防総省は、在日米軍を管轄下に置く太平洋軍（司令部ホノルル）のティモシー・キーティング司令官がニューヨークでの会合で講演した内容を公表した。キーティング司令官は一九九八年六月から二年間、日本の横須賀を母港とする第五空母群司令官を務めた「日本通」だ。

キーティング司令官は在日米軍再編の柱である在沖縄海兵隊のグアム移転が当初の計画からずれ込む可能性に言及した。

「(〇六年合意で完了期限とされた)二〇一四年末までには完了しそうにない。場合によっては、二〇一五年中もできないかもしれない」

移転費用は〇六年合意で総額一〇三億ドルと見積もられていたが、「移転費用が見積もりよりも多くかかることになりそうだ」というのが理由だった。

二〇〇八年一二月には、米国防総省幹部が、日本の防衛省と衛星回線でつないで行われたテレビ会議の席上で窮状を訴えた。

「米議会は『日本は計画通りに動かすんだろうな。その保証がなければ予算は付けないぞ』と言っている。こちらは、ジュゴン保護の訴訟で普天間移設の現行計画が違法とされ、地元グアムの先住民にも反対運動が起きているんだ」

要は、グアム移転経費に日本も相応の予算を計上してほしい、そうすれば国防総省も移設費を計上でき、米議会を押し切れる、と日本側に泣きついてきたのが実態だった。防衛省はこのとき、グアム移転関連経費として総額三五三億円を計上すると伝えた。

二〇〇九年二月、オバマ政権の国務長官に就任していたクリントン氏が初の外遊先として選んだ日本で、中曽根弘文外相と在沖縄海兵隊グアム移転協定に署名した。日本が「二八億ドル」を上限に資金提供する内容で、これを契機に国防総省は〇九年五月、二〇一〇会計年度（〇九年一〇月～一〇年九月）の国防費で、グアム移転関連経費として、前年の約一四倍にあたる三億七八〇〇万ドルを計上した。

その内訳は国防総省によると、グアムの港湾改修や道路建設などが主な対象で、海兵隊の軍事建設費全体（二七億ドル）の約一四％にあたる。それでも原案では四億三五〇〇万ドルだったから、大幅に削られたことになる。国防総省は記者団への予算説明会で、総額が当初の一〇三億ドルから「二〇〇億～三〇〇億ドル」に膨らむ見通しを示した。このため、二〇一四年までの合意達成を疑問視する声が米議会、米軍両方から日増しに強まっていった。

二〇〇九年五月六日、米海兵隊トップのジェームズ・コンウェー司令官は米下院歳出委員会軍事施設小委員会の公聴会で、在沖縄海兵隊のグアム移転について、「費用が大幅に増加する」として計画の「再検討」に言及。六月四日の米上院軍事委公聴会では、「検討に値するいくつかの修正案がある」と、「辺野古修正」にまで踏み込んだ。

こうした事態を踏まえ、ホワイトハウスと国防総省は、今後のグアム移転計画について再協議した。ともに海兵隊出身で気脈を通じるジョーンズ大統領補佐官（国家安全保障問題担当）と、国防総省のグレグソン次官補（アジア・太平洋安全保障問題担当）が会談し、改めて「（〇六年）日米合意のロードマップ通りの実行」を確認した。

この判断には、ロバート・ゲーツ米国防長官の意向が強く反映されていたとされる。ゲーツ長官は当時、イラク戦争やアフガニスタンでの対テロ戦争に忙殺され、その他の既存の国防政策の見直しには消極的だった。〇九年五月のコンウェー証言に反発したグアム選出のボルダロ下院議員にはわざわざ電話で「グアム移転を予定通り実行することに責任を持つ」と伝えていた。鳩山発言の二ヵ月ほど前には、米政府内では、グアム移転と、その前提となる普天間問題は、「計画通り」との意思統一ができていたことになる。

普天間移設とグアム移転を既定方針通り進める、という固め直された米政府の意向を日本側に伝える役回りを任されたのは、国防総省のミシェル・フローノイ次官（政策担当）だった。北朝鮮政策見直しの一環で来日したフローノイ次官は六月二五日、岡田幹事長、前原副代表と会談した。

一九六一年生まれのフローノイ次官は、九〇年代のクリントン政権時、戦略担当の国防次官補代理を務めた後、米国国防大学で「四年ごとの国防政策見直し（QDR）」を担当し、二〇〇一年QDRに深く関わった国防政策の専門家だ。その後、米戦略国際問題研究所（CSIS）上級顧問から、知日派のキャンベル元国防次官補代理とともにシンクタンク「新米国安全保障研究所（CNAS）」を設立。二〇〇六年QDRの際は、ワシントン各所でのシンポジウムにパネリストとしてひっぱりだこの人気だった。

普段は笑顔が似合う女性だが、会談は厳しいやりとりになった。

フローノイ次官「米軍再編の進展は重要だ」

岡田幹事長「率直に言って今の米軍基地は六四年前の過去の延長線上にある。例えば、沖縄という狭い国土に米軍が集中しているのは、アメリカが第二次世界大戦中に占領したからだ。日米地位協定も公平ではない。日米関係を長期的に安定させるためには、改善していかなければならない」
フローノイ次官「沖縄に基地が集中していることが政治的に大きな圧力になっていることは十分認識している。だから沖縄海兵隊をグアムに移転させると決めた。アメリカの協力の証だ」
岡田幹事長「もう少し長い目で見るべきだ」
フローノイ次官「普天間の問題を話したい。普天間の合意を捨ててしまうとすべての再編計画を失ってしまい、沖縄の問題を解決する術を失ってしまう。同盟にとっても大変なダメージになるので、全体の枠組みを壊さないようにしなければならない」
　同席していた前原副代表は、内心ハラハラしながら聞いていた。岡田幹事長が「今は交渉する場ではないので」と矛を収めかけたとみるや、米側を安心させようと合いの手を入れた。
「もう一つ考えなければならないのは、周辺の戦略環境の問題だ。北朝鮮は今最も不安定な時期を迎えている。中国は二〇年間で一九倍の軍事力の増強を行った」
　東アジアの安全保障環境を引き合いに出し、日米同盟の重要性を強調する前原副代表の言葉に、フローノイ次官は、全く同じ考えだ、と満足げに言葉を継いだ。
　この会談を巡っては、余談がある。フローノイ次官は当初、鳩山代表との会談を強く希望したが、鳩山代表は日程が合わないとして応じなかった。「東京にいない」との理由だったが、会談当時、国会近くの事務所で、北海道の地域政党「新党大地」代表、鈴木宗男衆院議員らと会談していたことが確認されている。国防総省のナンバー3の高官との会談をそでにして鈴木代表と会談していたことに、政界では「政権交代を果たしたつもりでいるかのようにとられるのを避けた」という見方から、「米政府高官と会談する準備ができていなかった」という見方まで、様々な憶測が飛んだ。

一方、この岡田・フローノイ会談は、民主党の普天間政策の転機ともなった。米側の懸念がストレートに伝わった会談を踏まえ、党内協議では、「県外移設は現実的ではない」との意見が台頭。「衆院選マニフェスト」には、「普天間」や「県外移設」の表現が盛り込まれず、「日米地位協定の改定を提起し、米軍再編や在日米軍基地のあり方についても見直しの方向で臨む」という極めてあいまいな表現に落ち着いた。政権の座が視野に入った以上、普天間問題でも理想論ばかりを繰り返すわけにはいかない。民主党としては予防線を張る最初の動きとなった。

フローノイ次官が岡田幹事長と会談したのと同じ二〇〇九年六月二五日、米国内では、知日派のひとり、キャンベル氏が、上院から国務次官補（東アジア・太平洋担当）の職を承認された。国務次官補は、日本では外務省の局長級に相当する。キャンベル氏は、クリントン政権時代に国防次官補代理としてSACO協議にあたった経歴を持つ。もともと民主党が「県外移設」の方針を打ち出したのは、キャンベル氏の影響を色濃く反映していた。オバマ政権誕生でキャンベル氏が対アジア政策の重要ポストに就くことが有力視されると、民主党内には淡い期待が膨らんだ。

キャンベル氏は、共和党のブッシュ政権当時、普天間問題が前進しないことを苦々しく思っていた。二〇〇五年春、キャンベル氏は沖縄を訪問。自ら決めたSACO最終報告の合意を白紙に戻して普天間の新たな移設先を模索する動きを見せていた。帰国後の〇五年六月には毎日新聞北米総局のインタビューに応えている。

「小泉政権は、沖縄について他のリーダー（橋本龍太郎、小渕恵三両元首相ら）にあった使命感を持っているようには見えない。われわれがやり方を変えない限り、普天間飛行場の返還という沖縄の人々への約束を反故にせざるを得なくなる」

SACO合意の「辺野古崎」ではない新たな移設先の選択肢として沖縄県中部の米空軍嘉手納基地（沖縄県嘉手納町など）への統合案を示唆し、「その線に沿って国防総省も選択肢を検討していると聞いている」とも明かした。

当時、ホワイトハウスでアジア政策の責任者だったマイケル・グリーン氏も、〇五年五月に訪米した下地《しもじ》幹郎《みきお》氏（当時落選中、現国民新党幹事長）にこう語っている。

「計画通り、辺野古沖合で進めているが、もしよりよい案があるなら検討したい」

民主党の知米派が「嘉手納統合案」にこだわり続けたのは、米国でも民主、共和両党の党派を問わず、SACO案に疑問を抱く人々が出始めつつあったからだ。民主党の「沖縄ビジョン改訂版」（二〇〇八年七月発表）を作成する責任者の前原副代表と武正公一《たけまさこういち》衆院議員らが〇八年六月に渡米し、キャンベル氏らと会談した。

〈一一月の大統領選でオバマ政権が実現すれば、普天間問題は白紙から議論できる〉

前原副代表らはこう確信し、「2008年版」でも「県外移設」を引き続き明記することにつながった。

しかし、ブッシュ政権から引き続きオバマ政権でも国防長官の任を受けたゲーツ長官が既定方針を変えなかったことで、ゲーツ長官の意向を無視できないキャンベル氏も国務次官補就任後、「嘉手納統合案」を蒸し返すことはなかった。「辺野古」見直しを推進するある民主党幹部は振り返った。

「最大の誤算は、ゲーツ氏がオバマ政権でも国防長官を続投したことだった」

「世界で最も重要な二国間関係」

ワシントンD．C．中心部のホワイトハウス南庭前の広場から通りを隔てて広がるのが「ナショナル・モール」と呼ばれる国立公園だ。日ごろは市民の憩いの場所で、毎年七月四日の独立記念日の花火大会はワシントンの風物詩だ。大規模デモの中心地でもあり、マーティン・ルーサー・キング牧師が「私には夢がある」と演説した黒人差別反対のワシントン大行進や、ベトナム戦争時の大規模デモが有名だ。

西端のリンカーン記念堂から東にまっすぐ伸びる広場やその周辺にはワシントン記念塔やスミソニアン博物館の一群があり、約三キロ隔てた東端にはキャピトル・ヒルと呼ばれる連邦議会議事堂が座す。連邦最高裁ビルはそのすぐ裏側にある。広場から連邦議事堂に向かって左側に上院の議員会館兼委員会室ビル、右側に下院の議員会館兼委員会室ビルが三棟ずつ立ち並ぶ。

二〇〇九年七月二三日、その一角、ダークセン上院ビルの四一九号室で午前九時半（米東部時間）から、オバマ大統領が駐日米大使に指名したジョン・ルース氏に対する公聴会が開かれた。

ルース氏は、駐日米大使に指名されたことを「光栄に思う」と述べ、国際法律事務所のCEO経験が「役に立つ」と語った。

「おそらく最も重要なことは、私はこれまで注意深く人の話を聞き、偏見を持たず、重要な決断の前には専門家と相談する、という価値観を学んできたことだ」

同じ公聴会で、二〇〇四年の米国大統領選で民主党候補だったジョン・ケリー上院外交委員長も太鼓判を押した。

「国際法律事務所を率いたルース氏は、リーダーとして、外交官として、問題解決人として、その能力を行動で示してきた」

過去の駐日大使と比べて、ライシャワー、アマコスト両氏らのような「知日派」でもなく、マンスフィールド、モンデール、フォーリー、ベーカー各氏のような大物政治家でもないルース氏が駐日大使に指名されたのは、二〇〇八年大統領選で、オバマ陣営の資金獲得で成果を挙げた論功行賞の側面が強い。オバマ大統領とは選挙戦を通じて昵懇《じっこん》の間柄となり、直接、話し合える関係を築いた。〇五年、ブッシュ大統領が、かつて米大リーグのテキサス・レンジャーズを共同経営した関係で、日本とは無縁の実業家、シーファー氏を駐日大使に送り込んだ例と似ている。

公聴会でルース氏の支持演説をしたクリントン政権（後半）時の駐日米大使、トーマス・フォーリー氏（元米国下院議長、民主党）は日米関係の重要性を強調した。

「偉大な駐日大使だったマンスフィールド氏は『世界で最も重要な二国間関係だ』と言ったが、確かにこれ以上に重要なものはない。日本では近く衆議院が解散され、八月末には総選挙が実施される。まさに重大な時期だ」

マンスフィールド氏は、民主党上院トップの多数党院内総務を務めた重鎮で、一九七七年から一一年間（カーター、レーガン両大統領時）にわたって駐日大使を務めた希代の知日派として知られる。ルース氏が議会証言したころは、日本政界では、すでに自民党から民主党への政権交代が現実味を帯びていたが、フォーリー氏の発言は、民主党政権発足後の混迷を示唆したようでもあった。

フォーリー氏はクリントン政権二期目の一九九七年から二〇〇一年まで駐日大使を務めたが、この間はすでに日米両政府で合意していた米軍普天間飛行場返還を受けた移設地選定を巡って日本政府と沖縄の対立が先鋭化し、混迷を極めた時期に重なる。公聴会で普天間問題はルース氏の証言にも、議員からの質問にも登場しなかったが、フォーリー氏は日米関係の行方に一抹の不安を抱いていたのではないかとみられる。

公聴会は、駐中国大使に指名されたジョン・ハンツマン氏とあわせて行われた。ハンツマン氏は指名されるまで現職のユタ州知事で、駐シンガポール大使や米通商代表部（ＵＳＴＲ）次席代表などを歴任。二〇〇八年大統領選では、共和党大統領候補のマケイン上院議員の全国選挙対策委員会の共同委員長の一人だった。中国語を自由に操る「プロチャイナ」（中国専門家）。米民主党は、「ジャパン・パッシング」（日本外し）と揶揄されたクリントン政権時代の言動から、日本よりも中国を重視する傾向にある、という分析もある。

海軍長官を務めたジェームズ・ウェッブ上院外交委員会東アジア・太平洋小委員長が、ルース氏とハンツマン氏が座る証言席に向かって手振りを交えながら苦笑して二人を紹介した。

「ハンツマン氏が先に証言しますが、これはわが国の国益の優先度という観点から、どちらの国が他の国より重きが置かれているかを示すものではありませんから。単に政府のポジションを経験した人を優先的に――おそらく民間のＣＥＯは一人だけだと思いますが――という上院の慣例からです」

会場から笑い声も漏れたが、紹介役の小委員長がわざわざこんな注釈をしなければならないほど、米国にとって日本と中国は微妙な関係にあったといえる。もちろん、同盟国として日本の重要性は不変だが、米国にとって台頭する中国にどう対処するかは最大の難問でもあり、関心の多くを日本より中国に割かなければならないのは当然のことだった。普天間問題で、米政府が最後まで譲歩の姿勢を見せなかった背景にも、日米同盟をコントロールしているのは米国だ、というメッセージを中国に送ることで、中国に付け入る隙を与えたくない、という思惑がにじんだ。

密使派遣

ルース大使に先立って議会承認を受けたキャンベル国務次官補は就任後、まっさきに日本を訪問し、東京都内のホテルで、岡田幹事長と会談した。鳩山代表の「最低でも県外」発言直前の二〇〇九年七月一七日だった。選挙戦に突入している中での米政府高官と野党・民主党幹部の会談は、「米政府が民主党政権発足を織り込んだ動き」と注目された。

キャンベル次官補と岡田幹事長は旧知の関係だ。二人はまず再会を祝した後、岡田幹事長が衆院選に掲げる政策を説明した。

「日米地位協定改定や在日米軍再編見直しなどを公約にしていますが、いろいろな懸案を一度に交渉のテーブルに並べることはしません」

まずはオバマ米大統領と鳩山代表の信頼関係構築から始めたい、という意思表示だった。キャンベル次官補の関心は普天間問題よりも、民主党が反対しているインド洋での海上自衛隊による給油活動への対応にあった。民主党の本音を探りたいところだったが、深追いは避け、こう言った。

「こんど、民主党からワシントンに人を派遣してもらえませんか。民主党の政策をぜひ説明してほしいのですが」

岡田幹事長から会談内容の報告を受けた鳩山代表は、キャンベル次官補の提案に応じることを決め、人選に入った。ワシントンにパイプを持つ衆院議員は多くいたが、衆院選を控えた準備で忙しく対応は無理。参院議員も当たったが、絞り込めず、党事務局からの派遣へと切り替えようとしていた。岡田幹事長から相談を受けた玄葉光一郎衆院議員は耳打ちした。

「須川《すがわ》がいいよ。ブルッキングス（米研究所）にもいたし」

岡田幹事長は政策調査会事務局にいた須川清司《きよし》氏に加え、自分の政策秘書の本庄知史《ほんじょうさとし》秘書を同行させることにした。鳩山、岡田両氏は、キャンベル次官補からの誘いを奇貨として、普天間飛行場移設も含めた在日米軍再編問題で米側の意向を探るよう須川、本庄両氏に含めておいた。

鳩山代表の指示で編成された二人だけの「極秘チーム」が、ワシントン近郊のバージニア州にあるダレス国際空港に降り立ったのは、「最低でも県外」発言から三週間後の二〇〇九年八月九日。二人は、一週間程度かけて米政府高官らと協議する予定で、会談相手は、大使館を通じた外務省ルートを避け、「鳩山代表の名代」を名目に須川氏がキャンベル次官補らの協力を得て独自に手配した。

須川氏は早稲田大学卒業後、住友銀行（現三井住友銀行）に入行し、シカゴ支店長代理などを経て民主党の職員になった変わり種だ。政調の上級研究員として外交や安全保障を研究し、その後、米ブルッキングス研究所で客員研究員を務め、民主党に戻った後は、二〇〇一年九月の米同時多発テロ後のテロ対策特別措置法の党内議論に参画した。党内では安保政策の論客でもある。一方、本庄氏は東大時代に中央官僚の道を目指したが断念し、国会の政策担当秘書資格試験に合格して岡田事務所に採用された。

一八世紀末、フランス人建築家、ピエール・シャルル・ランファン氏によって設計された米国の首都ワシントンD．C．（コロンビア特別区）は、路地が碁盤の目のように張り巡らされ、公園を各所に配置した緑あふれる美しい街で知られる。市街の目抜き通り、「Kストリート」にある米戦略国際問題研究所（ＣＳＩＳ）に須川氏らが招かれたのは訪米後、間もなくだった。

ＣＳＩＳはキャンベル米国務次官補が以前、上級副所長として在籍した米国有数のシンクタンクだ。「ラウンドテーブル」と称される意見交換会には、キャンベル次官補のほか、メア国務省日本部長、シファー国防次官補代理ら米政府の日本専門家が顔をそろえた。質疑に入ると、民主党の外交・安保政策を根掘り葉掘り聞き出そうとする「大詰問大会」となった。

「インド洋の給油活動を本当に止めるつもりなのか」

最も関心が高かったのは、二〇一〇年一月に期限を迎えるインド洋での海上自衛隊補給艦による給油活動の行方だった。米政府は、対テロ戦争の一環である「不朽の自由作戦」（ＯＥＦ）で、アフガニスタンなどから流出する武器や、テロリストの資金源となる麻薬取引を、アラビア湾などを中心とするインド洋上で阻止する「海上阻止行動」（ＭＩＯ）に力を入れている。この活動の中で、高度な精製能力を持つ海上自衛隊の補給艦による給油活動は国際社会で高く評価されていたが、民主党は、「不朽の自由作戦」は国連安全保障理事会の決議ではなく、米国の個別的自衛権による軍事行動で、そこへの参加は日本国憲法の現行解釈で禁止されている集団的自衛権の行使に抵触する、などとして反対していた。

ねじれ国会下の二〇〇七年一一月、民主党の反対で根拠法のテロ対策特別措置法が失効し、活動を給油活動に限定した新法が成立、再開する〇八年二月までのほぼ三ヵ月間、給油活動を中断した経緯があり、日米同盟が一時ギクシャクした。

「民主党政権になったら、どうなるんだ」

質問は矢継ぎ早に飛んだが、須川氏は、「単純に活動を延長することはない」と党の方針を繰り返すばかりだった。

普天間問題については、メア日本部長が取り上げた。メア部長は、〇九年八月に国務省に正式帰任するまで在沖縄米総領事の立場にあり、〇六年合意の策定に深く関与した。国務省の職業外交官で、日本駐在歴が長く、夫人も日本人。国務省でも数少ない「ジャパン・ハンド（日本専門家）」のひとりだ。

メア部長はこうクギを刺し、くどいほど念押しした。

「現行案が最善の策だ。いろいろ検討した結果だ」

須川氏らは、ホワイトハウスで、日本を含め東アジア政策の指揮をとるベーダー国家安全保障会議（NSC）アジア上級部長、ラッセル日本・韓国部長とも会談した。ベーダー上級部長はクリントン政権時代に駐ナミビア大使を経験し、その後、ブルッキングス研究所で長年、中国問題を研究してきた中国専門家だ。一方、ラッセル日本・韓国部長は、メア部長の先輩格にあたる。メア部長と同じ職業外交官で、オバマ政権発足で、就任後まだ半年に満たない国務省日本部長からホワイトハウスに引き抜かれた人材だった。

「これまでの自民・公明政権のときの外交政策は、民主党が政権をとれば、普天間問題も含めてレビューする（見直す）ことになるでしょう」

須川氏らは、政権交代後は普天間問題の見直しもあり得ると説明した。しかし、ラッセル日本部長は、普天間問題で日米関係をこじらせたくないと考えていた。人懐こい柔和な表情を浮かべたラッセル部長は流暢な日本語で応じた。

「オバマ大統領がこの秋に日本を訪問するチャンスがあると思います。そのときは、普天間問題の細かい話にはなりませんよ。ただ、おもてなしの心で迎えていただければいいんです」

米政府高官らとの会談を終えた須川氏らは、普天間問題については、内情に詳しいメア日本部長が言及しただけで、オバマ政権内の優先度は低いと判断。また、オバマ政権の外交政策では、アフガニスタンでの対テロ戦争と、核開発を続けるイラン問題を重視しているとの印象で一致した。

帰国後、須川氏は鳩山代表に、本庄氏は岡田幹事長にそれぞれ報告した。

「米国はアフガニスタンとイランで手いっぱいです。対日問題ではインド洋の給油活動が主な関心事で、普天間問題はたいしたことはない。米国は譲歩します」

外交だけでなく、リーマン・ブラザーズ破綻に伴う金融危機の処理や雇用対策、医療保険改革など経済・内政問題も抱えているオバマ政権は、良好な関係にある日本との対立はできる限り回避したいと考えており、普天間問題は日本主導で「修正が可能」という結論だった。

一方、米国務省高官は当時、毎日新聞の取材にこう答えている。

「選挙での公約であっても、実際に政権運営にあたれば現実主義にならざるを得ない。オバマ大統領だって、選挙中の公約をより現実的な内容に修正して実施しているのだから」

普天間問題では、須川氏らは米国が譲歩する、と考え、アメリカ側は民主党が政権を担当すれば、〇六年の日米合意を踏まえた現実路線へと舵を切るものだと楽観していた。

ポイント・オブ・ノーリターン

鳩山代表は、衆院選公示を翌日に控えた二〇〇九年八月一七日午後、東京・内幸町の日本記者クラブで開かれた恒例の党首討論会に出席した。麻生太郎自民党総裁、鳩山由紀夫民主党代表、太田昭宏公明党代表、志位和夫共産党委員長、福島瑞穂社民党党首、綿貫民輔国民新党代表の面々がそろった。

経済問題が焦点となる中、鳩山代表には日米同盟に関する質問が相次いだ。

質問者「民主党は対等な日米関係というスローガンだ。在日米軍基地、地位協定の見直しを提起して日本の安全は大丈夫なのか」

鳩山代表「オバマ大統領との間で信頼関係を構築することが必要だ。信頼がないまま無理に言ってもなかなか解決は難しいということは理解をしている。包括的なレビューを行って解決することが十分にできるテーマだ」

質問者「普天間の県外移転のめどは」

鳩山代表「最低でも県外移設が期待される。政権をとった直後に（米国政府と）交渉してすぐに解決できるものではないし、この問題は沖縄県民の思いも十分に理解していかないといけない。包括的なレビューを行って最終的な結論を得ていきたい」

二時間を超える討論で、鳩山代表は再び、「最低でも県外」と言い切った。発言は、ＮＨＫ

を通じて全国に中継され、「県外」は正真正銘の「公約」となり、鳩山代表は後戻りできない境界を越えた。

ただ沖縄では、普天間問題自体は大きな争点とはならなかった。最初の「最低でも県外」発言の舞台となった沖縄三区からしてそうだ。八月二一日、移設先とされてきた名護市の市民会館。民主党公認の新人、玉城デニー候補は支持者にこう訴えた。

「政権交代なくして、私たちの生活課題の根本的な解決はあり得ない」

その三日後、同じ市民会館。五期目を目指す自民前職の嘉数知賢《かかずちけん》候補は、移設受け入れと引き換えに政府が始めた北部振興策について「一〇年延長しなければならない。そのために勝たなければならない」と力説した。

名護市が振興策と引き換えに普天間移設を受け入れて一二年。数々の選挙が普天間問題を争点に戦われた。移設受け入れを沖縄県に求めた自民・公明は「経済振興」を争点に据え、基地問題は次第にかすんだ。

そんな中で民主党は自公政権の凋落《ちょうらく》に伴って次第に支持を集め、二〇〇八年六月の沖縄県議選で四人の公認候補全員をトップ当選させ、与野党勢力が逆転。仲井眞知事を支える自民・公明は保守県政下で二八年ぶりの少数与党に転落した。県議選を次期衆院選へのステップと位置付けた結果が奏功した形で、いわば沖縄で一足先に政権交代を実現させたといってもよかった。当然、衆院選の争点は「政権交代を望むか望まないか」の一点だった。

二〇〇九年八月三〇日の衆院選で、報道各社の事前世論調査通り、民主党は圧勝。史上空前の三〇八議席を獲得し、二大政党間で初めての政権交代を果たした。沖縄では四選挙区すべてを野党が制し、三区では「政権交代」を訴えた玉城候補が当選した。九月一六日に鳩山由紀夫民主党代表が第九三代の内閣総理大臣に就任し、民主党、社民党、国民新党の三党連立政権がスタートした。

衆院選から二日後の九月一日。沖縄では、「県外移設」に向けた最初の動きがあった。

「辺野古移設は普天間を返還させるために沖縄県が妥協した結果だ。そんな十字架を県が背負う必要はない。妥協を取り除くチャンスだ」

民主党沖縄県連の喜納《きな》昌吉《しょうきち》代表は沖縄県庁の知事応接室で、現行計画の微修正での決着を目指してきた仲井眞知事に方針転換を迫った。

「ベストは県外だが……。党中央の考えを聞いてみたい」

知事はそう答えるのが精いっぱいだった。

九月一八日、来日したキャンベル米国務次官補と、就任したばかりの岡田外相が再び会談した。普天間問題に話題が及ぶと、政権交代前の会談とは打って変わって緊迫した空気になった。

「原則は従来の合意だ」

○六年合意の順守を迫るキャンベル次官補に、岡田外相は反撃した。
「沖縄の四小選挙区で当選した与党議員は、辺野古移設は反対だと明確に言ってきた」

ただ、岡田外相は自分なりに手を打っていた。外相内定段階の連立協議で、普天間移設見直しを政策合意に盛り込むよう主張した社民党と対立。民主党のマニフェストの範囲にとどめる一線を譲らなかった。マニフェスト策定には幹事長としてかかわり、「県外移設」を削除しトーンダウンさせた。外相就任後、自身の手足を縛られるわけにはいかなかったからだ。

これに先立つ九月一四日、沖縄県から、普天間飛行場を抱える宜野湾市の伊波洋一市長が民主、社民、国民新の三党を訪問し、「国外・県外移設」を要望した。最後まで協議が難航しただけに各党の対応はまちまちだった。

直嶋正行民主党政調会長「オバマ米政権との信頼関係を構築しながら取り組んでいきたい」

福島瑞穂社民党党首「新政権の中で渾身の力を込めて解決へ努力する。具体的な成果が出るよう頑張りたい」

国民新党は幹部が対応しなかった。対米外交政策を巡る温度差は明らかだったが、伊波市長はこう評価した。

「自公政権では全く希望がなかった。解決に向け、大きな一歩だ」

「現行計画」の米政府、「計画見直し」の日本政府、「県外移設」の沖縄——。衆院選前後の日まぐるしい動きの中で、この三者が互いに譲らぬ姿勢を鮮明にさせていた。だが、この時点では、表向きの姿勢とは裏腹に、それぞれの内情は揺れていた。

キャンベル次官補側は、もしホワイトハウスや国防総省を説得できるだけの代替案があれば、受け入れもやぶさかではない、という含みを持たせていた。

沖縄は、本当に「県外移設」が可能か、いぶかっていた。

日本政府は、現行計画に代わる有力な移設案を最初から持ち合わせておらず、米国を説得できるだけの代替案を模索する熱意はなかった。

このギャップが、これまで築き上げてきた日米同盟を揺るがせ、沖縄との信頼関係を侵食していくことになる。

第三章　稚拙だった「政治主導」

鳩山首相の「決意」

世界金融危機に対処する第三回二〇ヵ国・地域首脳会議（G20金融サミット）が、二〇〇九年九月二四日と二五日、米東部ペンシルバニア州ピッツバーグで開催されたのは、バラク・オバマ米大統領の肝いりだった。ピッツバーグはかつて世界的な「鉄鋼の街」として知られたが、産業構造の転換で衰退。その後、ハイテク産業や教育などで産業復興を果たし、全米でも経済的基盤が強い地域に再生した。当初はニューヨークでの国連総会に合わせて開催されるはずだったが、こうしたピッツバーグの姿を見てもらおうと、オバマ大統領の指示で急遽変更された。

サミット出席のためピッツバーグを訪れていた鳩山由紀夫首相は九月二四日夜、オープニング・レセプションを終え、会場のフィップス温室植物園から、滞在先のウェスティンホテルに大急ぎで戻った。

ホテルの一室では、同行記者団が鳩山首相の到着を今か今かと待っていた。首相外遊で慣例となっている「内政懇」（外国訪問中の首相や大臣などが出先で行うオン・ザ・レコードの懇談）の開始予定時刻をはるかに過ぎ、午後一〇時半を回っていた。

鳩山首相は二一日ニューヨークに到着。米露中韓など六ヵ国との首脳会談や国連気候変動サミットでの演説、国連総会での一般討論演説など、就任後初の外交日程をあらかたこなした。政権交代したばかりの首相を迎える各国首脳の目は温かかった。会談すれば誰もが衆院選での勝利を祝ってくれ、「二〇二〇年までに一九九〇年比二五パーセントの温室効果ガス削減」の中期目標を掲げた演説は「野心的な目標」などとほうぼうで話題を呼んでいた。

鳩山首相は、初対面のオバマ米大統領に対する好印象に胸を躍らせていた。

「全体としては、非常にあったかーい雰囲気だった。非常にうれしかった。少なくともオバマ大統領と私の間で、何らかの信頼関係のきずなができたんじゃないかなあと思います」

九月二三日午前、ニューヨーク市内にあるウォルドルフ・アストリアホテルでの日米首脳会談を終え、滞在先のホテル・インターコンチネンタルで記者団に感想を聞かれ、開口一番、頬を紅潮させてこう答えた。

会談終了直後、記者団の前に現れたオバマ大統領は鳩山首相に向かって、「すばらしい選挙戦を戦い抜かれ、劇的な変革を主導されたことをお喜び申し上げたい」と最大限の表現で持ち上げた。

翌二四日のレセプションでも、会場に最後に到着した鳩山首相夫妻に対し、ホスト役のオバマ大統領が幸夫人《みゆき》の肩を抱き、ミシェル夫人が首相の手をとり、共に温かく出迎えてくれていた。

内政懇は、就任後の初訪米をうまくこなしたという安堵感が漂う中で、始まった。記者の第一の関心事は、経営再建中の日本航空に対する支援策。続いて臨時国会の開会時期に質問が飛んだ。

三番目の話題が、普天間問題だった。

「日米首脳会談では具体的に踏み込まれませんでしたが、『最低でも県外移設』の主張に変わりはありませんか」

鳩山首相は、躊躇なく答えた。

「基本的な私たちのベースの考え方を変えるつもりはありません」

V字形二本の滑走路を米軍キャンプ・シュワブ沿岸部（沖縄県名護市辺野古）に造る現行計画を見直す、との宣言だった。

首脳会談では、オバマ大統領に対し、「日米同盟は日本外交の基軸」と表明。前の自公政権と同様、同盟関係を一層強化する方針で一致していた。

しかし同時に、「選挙で約束したことは守らなければならない」とも考えていた。オバマ大統領との会談終了後、二人で記者団を前にして写真撮影に臨んだ際、オバマ大統領が口にした「首相が一連の選挙の公約の実行について、成功を収めると確信しています」との言葉も、鳩山首相の決意を後押しした。

記者の質問に対して鳩山首相が強調したのは「最低でも県外」かどうかではなく、結論を出す時期だった。

「果たして年内に決めなければならないことなのかどうか。オバマ大統領が一番気にしているのは、内政は医療保険改革、外交はアフガニスタンだ。アフガニスタンの問題がまず先にあるのではないか」

「基本的な考え方を変えるつもりはない」という鳩山首相発言を受けて、首相が二ヵ月余り前に「最低でも県外」を高らかに宣言した沖縄は沸き立った。地元紙の琉球新報はすぐに、「普天間は県外移転　鳩山首相が表明」の大見出しが躍る電子号外をホームページ上に流した。しかし、全国紙が大きく取り上げることは、この時点ではまだなかった。

「現行計画」の外務、防衛

年内に決めなければならないことなのか——。結論を出す時期をことさらに気にしてみせた鳩山首相の念頭には、岡田克也外相の発言があった。

岡田外相は就任後初の記者会見で、普天間問題について「一〇〇日間で解決しなければならない問題」と期限を切った。その後も「予算をつけるということは、現状で進めることになる。年内が一つの判断基準だ」と述べるなど、結論を急ぐ姿勢を鮮明にしていた。

二〇〇九年九月二一日（日本時間二二日）、ニューヨークの最高級ホテル、ウォルドルフ・アストリア。岡田外相はヒラリー・クリントン米国務長官と初めて会談し、就任会見で自らに課したルールをこう紹介した。

「最初の一〇〇日で力を入れなければいけない課題として、就任時に三つ説明した。地球温暖化、アフガン・パキスタン、そして沖縄基地、在日米軍再編の問題だ」

クリントン長官が「現行計画の実現が基本で重要だ」とクギを刺すと、岡田外相は「今後よく話し合っていきましょう」と明確に否定しなかった。

鳩山首相が「年内に結論」に消極的な考えを示したのと同じころ、岡田外相はニューヨークで同行記者団に、現行計画が決まった経緯を検証する考えを示した。

「検証の結果、現行計画というのもあり得るか」

こうただす記者に、岡田外相は「もちろん」と即答。「そんなに時間がかかるとは思わない。役所に資料が残っているはずだから」とも語った。

現行計画決定に至る経緯を検証するとの方針は、クリントン長官との会談で一致したものだ。後に、オバマ大統領訪日時、普天間問題の焦点化を避けるため設置した、日米閣僚級の検証作業グループの布石ともいえた。

岡田外相は、「現実主義」と「原理主義」を兼ね備えた政治家で知られる。その経歴を簡単に振り返ると、旧通産官僚を経て一九九〇年政界入りした。父はイオングループ創業者の卓也氏。当初は自民党竹下派に所属したが、九三年、「政治改革」を志して小沢一郎氏、羽田孜氏らと離党、新生党結党に加わった。翌九四年に新進党に合流。保守・中道勢力を結集した新進党の解党後、九八年の野党大合併で民政党から民主党に合流している。

多くの党派が集まり、「寄せ木細工」と呼ばれた民主党で、保守出身のエースとされたが、派閥をつくることをいやがった。かといって、一匹狼というほど独善的ではなく、若手からの信望もあるが、「プレゼントは受け取らない」がモットーで、「融通が利かない堅物」という点で衆目の見方は一致する。ただ、数少ない例外も。カエルの置物集めが趣味で、幹事長時代の二〇〇九年七月、議員仲間から贈られたカエルのぬいぐるみにはつい手を出してしまい、自身のブログで「あくまで例外」と釈明したこともあった。

普天間問題のカギを握るもう一人の閣僚、北澤俊美防衛相もまた、首相の意向とは異なる言動を見せていた。当面の課題は、現行計画を前提にした環境影響評価（アセスメント）に対する沖縄県知事の意見書への対応。北澤防衛相は就任直後の記者会見でこう明言し、現行計画を継承せざるを得ないとの立場を明確に示した。

「アセスメントをやめるという選択肢はない。県外、国外という選択肢はなかなか厳しいものがある」

北澤防衛相は長野県議を五期務め、一九九二年、自民党公認で参院議員に初当選。最大派閥・竹下派分裂で小沢、羽田両氏と行動をともにし、羽田派へと移籍した。羽田氏は同じ長野が地盤だ。九三年には両氏とともに自民党を離党し、新生党結党に参画した。

農政通で知られるが、防衛政策に関しては「門外漢」に近い。唯一の経験といえば、参院で民主党など野党が過半数を占め、衆参ねじれ国会が誕生した二〇〇七年九月、参院外交防衛委員長に就任したこと。しかも評価されたのは安保政策ではなく、海上自衛隊のインド洋上での給油活動を延長する新テロ対策特別措置法案の審議を差配するなどの「タフ・ネゴシエーター」ぶりだ。

北澤氏を防衛相に起用した鳩山首相の意図は、解き明かされていない。北澤氏が防衛相就任を鳩山氏から要請されたのは、組閣当日の二〇〇九年九月一六日午前六時半ごろだった。前日までは国民新党の亀井静香代表の名が取りざたされ、新聞でも報道されていた。

「何でおれが防衛大臣なんだ?」

北澤氏自身、信じられない様子で、周囲に戸惑いを隠さなかった。

就任早々「辺野古やむなし」を鮮明にしたのは、政局を読むのに長けた北澤防衛相ならではの相場観だった。現実的な対応は「年内に現行計画で決着」しかない。役所でのブリーフィングから感覚的に察知していた。ただ本当は「辺野古」が最善の案と考えているわけではなかった。

〈あの青い海を埋め立てていいとは思わない〉

一九六一年、早稲田大学法学部の学生だった北澤青年は、沖縄出身の同級生の誘いで沖縄を旅行したことがある。まだ本土復帰前で、パスポートを発給してもらった。町は断水して苦しむ住民がいるのに、なぜか、米軍将校の家では庭の芝生に水がまかれているのを目の当たりにした。「占領された沖縄」。生々しい戦後の傷跡が残る沖縄での体験は、ほろ苦かった。

「私の立場から、県外移設、海外移設という理想を捨てるなんて考えられないことだ」

後に北澤防衛相は、当時を振り返りながら、こう語った。

「普天間は県外移転　鳩山首相が表明」

沖縄の地元紙が電子号外を流した二〇〇九年九月二五日、ちょうど北澤防衛相は鳩山内閣の閣僚としてまっさきに沖縄を訪問。県庁で仲井眞弘多知事と初めての会談に臨んでいた。

「むろん県外、国外がベストだと思っていますよ。しかし現実的かと。この一点だけなんです。これまでの経緯を見てもそう簡単ではない。名護市周辺が受け入れてもらえるなら県内もやむなしと考えておるわけです」

鳩山発言に疑問を呈したのは仲井眞知事のほうだった。北澤防衛相は平仄《ひょうそく》を合わせた。

「政治は結果責任ですから、理想の中で現実を見失うというのは得策ではないので、沖縄県民の皆さん方のお気持ちをしっかりつかんで、しっかりやりたい」

翌日に会談した名護市の島袋吉和市長も「今のV字形滑走路になった経緯も含めて、可能な限り沖合に出してほしい」と県外移設ではなく、現行計画の修正を求めた。

仲井眞知事が北澤防衛相に述べた「県外、国外がベスト」は、県民世論に対する配慮を示す常套句。本音は「県内やむなし」にあった。島袋市長は北部振興策を条件として一九九七年に受け入れを表明し辞任した比嘉鉄也元市長を後ろ盾とする、「条件付き移設容認」派だ。二〇〇六年の知事選では仲井眞氏を全面的に支援しており、新政権の閣僚を迎え撃つ上での二人の「連携」はあうんの呼吸だった。

一連の会談を経て、北澤防衛相は記者会見で「県外封殺」へと一層踏み込んだ。

「（現行の）事業が進む中で、新しい道を模索するのは極めて厳しい。県外、国外はかなり時間がかかる」

外務、防衛の両担当閣僚が「現行計画」の可能性をにじませる中、沖縄県内には「鳩山首相だからこそ」の期待が膨れあがっていた。それには、理由があった。

「基地返還アクションプログラム」

沖縄が鳩山首相に寄せた期待の源流は、日米両政府が普天間返還で合意し、鳩山氏が旧民主党を結党した一九九六年にあった。

「政権交代が実現したんですよ。普天間問題だけで終わらせてはいけません。次の選挙で『常時駐留なき安全保障』に手をつけるべきです」

二〇〇九年九月末、東京・永田町の衆議院第二議員会館三階にある、菅直人副総理兼国家戦略担当相に近い平岡秀夫衆院議員（山口二区）の部屋。

熱弁を振るっていたのは、沖縄県の吉元政矩元副知事だった。本土復帰運動に携わり、県庁職員を経て、米軍嘉手納基地包囲行動など反基地運動を企画。一九九〇年に「二一世紀、基地のない沖縄を、若者のために」をスローガンに掲げた大田昌秀知事を誕生させた。

普天間返還合意のきっかけとなったのは、一九九五年九月に沖縄で起きた、海兵隊員など二〇代の米兵三人が一二歳の女子小学生を車で拉致し、乱暴した事件だ。県内では反基地感情が噴きあがり、事件に抗議し日米地位協定の見直しや基地の整理・縮小を求める県民総決起大会には八万五〇〇〇人（主催者発表）が集まった。大田知事は、米軍用地の強制使用にかかわる代理署名を拒否。国と沖縄の関係は一気に緊張した。

吉元副知事は大田知事を支え、野坂浩賢《こうけん》、梶山静六両官房長官や社会党幹部ら政府・与党関係者と頻繁に会い、交渉に当たった。一九九六年一月には、自ら中心になってまとめた「基地返還アクションプログラム」を政府側に提示した。これは東アジアの安全保障環境の変化に応じ、二〇一五年までの二〇年間を三段階に分けて、沖縄米軍基地の全面返還を実現する計画である。その中で、普天間飛行場は最初に返還すべき施設の一つと位置付けられていた。

鳩山氏が「在沖縄海兵隊の北海道移転」を提案したのも、吉元副知事が「基地返還アクションプログラム」を説明したのに対する答えだった。吉元副知事はこう説いた。

「お分かりですか？『基地全面返還』のゴールがなぜ二〇一五年なのか。『東アジア共同体』ができるのと、沖縄の『国際都市形成構想』と、ワンセットなんです」

「国際都市形成構想」は、中国や東南アジアとの貿易で「大交易時代」を作った琉球王国にならい、軍事拠点ではなく、東アジア往来経済圏の拠点を目指す構想。米国が一九九五年二月の「東アジア戦略報告」で米軍一〇万人体制を維持するとしたことへのアンチ・テーゼだった。もちろん沖縄に基地が不要な安全保障環境がセット。それがすなわち「東アジア共同体」構想だった。

鳩山氏は一九九六年九月の旧民主党結党直後、月刊『文藝春秋』一一月号に「民主党代表鳩山由紀夫」の名で「民主党　私の政権構想」を寄稿。そこに、吉元副知事から聞いた話をこう盛り込んでいる。

「基地返還アクションプログラムと、その跡地利用を中心として沖縄を再び東アジアの交易・交通拠点としてよみがえらせようという国際都市形成構想を、十分に実現可能な沖縄の将来像としてイメージするところから考え始める」

「そうすると、沖縄の米軍基地が返ってくることを可能にするようなアジアの紛争防止・信頼醸成の多国間安保対話のシステムをどう作り上げていくか、また本質的に冷戦の遺物である日米安保条約を二一世紀のより対等で生き生きとした日米関係にふさわしいものにどう発展させていくか、といったことが、外交・安保政策の長期的な中心課題として浮上する」

「二〇年後には基地のない沖縄、その前にせめて米軍の常時駐留のない沖縄を実現していきたいとする彼らの夢を、私たち本土の人間もまた共有して、そこから現在の問題への対処を考えていく」

鳩山氏の持論である「常駐なき安保」は沖縄の「基地返還アクションプログラム」と、こうしてつながっていた。「東アジア共同体」がその共通項だった。

それから一三年たち、ようやく実現した政権交代。吉元元副知事には、千載一遇のチャンスと思われた。鳩山氏が、二〇〇九年衆院選中に訴えた「最低でも県外」を首相就任後も模索する姿勢を見せ、「東アジア共同体」の構築を打ち出したからだ。一九九六年の旧民主党結党当初の思いをそのまま持ち続けている、と思った。「鳩山さんの東アジア共同体構想や安全保障に関する考え方は、すべて『常駐なき安保』に向かっている」と確信していた。

そこで吉元元副知事は平岡議員に対し、衆院解散がないと仮定した二〇一三年衆参ダブル選挙で、「常駐なき安保を二〇一五年から二五年の一〇年間で完成させる」とマニフェストに盛り込むよう、提案したのだった。

旧民主党結党の原点である「東アジア共同体の構築」を前提とした「沖縄米軍基地の大幅縮小」。将来的な目標の第一歩として、普天間の「最低でも県外移設」を実現する——。

しかし、鳩山首相の思いは「アメリカの壁」にぶつかった。

「掛け声倒れ」の国家戦略局

「大統領まで報告がいくような重大問題だ。我々に相談もせずに、鳩山首相がこういう発言をするとはどういうつもりか、真意を聞きたい」

　二〇〇九年一〇月一二日午前、東京都内のホテル。カート・キャンベル米国務次官補は、武正公一副外相の顔を見るなり、怒りをあらわにまくしたてた。

　キャンベル次官補の怒りの対象は、二日前の鳩山首相の発言だった。

「今まで、ややもすると米国に依存しすぎていた。日米同盟は重要だが、アジアの一国としてアジアをもっと重視する政策を作り上げていきたい。その先に東アジア共同体を構想していきたい」

　一〇月一〇日午前、中国・北京の人民大会堂。鳩山首相は中国の温家宝首相、韓国の李明博大統領との首脳会談の冒頭でこう語り、「東アジア共同体」についてはこう踏み込んだ。

「核となるのは三ヵ国だ。まずは経済的連携の強化からスタートしたい」

　やはり鳩山首相の言う「東アジア共同体」構想は「米国抜き」なのではないか。「米国を排除する発想は持っていない」と言われても、信用できない――。

　そもそもの発端は〇九年八月下旬、米ニューヨーク・タイムズ紙（電子版）などが掲載した当時の鳩山民主党代表の論文だ。「米国主導のグローバリズムは終焉に向かう」と主張する一方、通貨統合や集団安全保障も視野に入れた東アジア共同体の創設を提唱する内容だった。

「鳩山政権は離米か」。米国内で広がった波紋をキャンベル次官補は沈静化させようと躍起だった。そうした疑念の声を聞くたびに「日本が一定の自立志向を有することは必要なことだ」

と説明して回った。それだけに、「懲りていない」としか思えない鳩山首相の発言に対する怒りはなおさらだった。

一〇月前半に訪米した民主党国際局副局長、谷岡郁子《くにこ》参院議員も、武正副外相と同じような目に遭った。

「日本はアメリカを外すのか？」

米議会や国務省の関係者、研究者に会うたびに聞かれる質問だった。

一〇月一四日、米メリーランド州ボルチモアのジョンズ・ホプキンズ大学で開かれた日米研究者やシンクタンク関係者ら約五〇人が参加したセミナーでは、「アメリカ外しをやるつもりか」との質問に続いて、普天間問題を巡り、米国務省のケビン・メア日本部長と激論になった。

メア部長「普天間問題は時間がない。待てない」

谷岡議員「五〇年間政権交代がなく、情報が外交機密だということで、私たちは知らないことが多すぎる。時間は当然必要だ。検証と再調整は認めてもらわないと困る」

メア部長「選挙の時の公約と、政権を取ってからの責任は違う」

谷岡議員「国民は選挙の時の『口約束』に裏切られ続けてきた。この政権が国民を裏切ったら、日本は民主国家として再生できないほど政治離れが進むだろう」

メア部長は前の自公政権時代、普天間移設を含む「再編実施のための日米のロードマップ」

（〇六年合意）をまとめた米政府側の当事者だ。それに対して谷岡議員は、私立大学学長を長く務め、米国に人脈を持つものの、外交安保の専門家ではない。だが、谷岡議員は、「政権交代で示された民意」を盾にひるまなかった。

九日間の訪米を終えて、谷岡議員は感じた。

「米国は『東アジア共同体』構想を過度に警戒している。鳩山政権としてうまく説明できていないから、誤解を生んでいる」

帰国した一〇月一六日、谷岡議員は首相官邸に鳩山首相を訪ね、訪米の報告をした。国際世論に何かと物議を醸す「東アジア共同体」構想を巡り、政府内での具体化作業は一向に進まなかった。

背景にもう一つあったのは、外交安保政策を巡る政治主導のシステムが構築できないという、根本的な問題だ。

鳩山首相は民主党代表として政権交代を目前に控えた七月、講演で、「外交を含めた国家戦略を策定する必要がある。そのために官民の人材を結集し、首相直属の国家戦略局を作りたい」と表明していた。「外交戦略」の目玉は当然、東アジア共同体構想だった。

しかし政権発足に伴って設置された「国家戦略局」の主な仕事は「政治主導の予算編成」。外交戦略は入っていなかった。さらには新たな権限付与などに法的整備が必要なため、当面「局」ではなく「室」とされ、スタッフ不足に悩まされた。

それでも首相の思いは変わらなかった。

「首相は国家戦略室の役割をどのように考えておられるのか。東アジア共同体構想は、新しい時代の我が国のビジョンを描いていく中でも、大変重要な話ではないか」

一一月二日の衆院予算委員会。鳩山首相に対し、平岡議員が水を向けた。平岡議員は、吉元元沖縄県副知事の提案も踏まえ、菅直人副総理兼国家戦略担当相の側近として、個人の立場で「東アジア共同体」に関する研究を重ねていた。

鳩山首相は、菅副総理に構想の具体化を委ねたい考えを示した。

「国家戦略室は菅大臣中心に頑張っていただいている。将来的には局とし、人員も補充したい。東アジア共同体構想も当然、国家戦略局の中で頑張ってもらいたい」

しかし、菅副総理の担務は膨大だった。国家戦略以外にも経済財政、科学技術の担当相を務め、首相の特命事項として雇用対策や地球温暖化防止の担当も兼務。スタッフわずか一〇名の「国家戦略室」の役割については、菅副総理自ら「『何をやるか』を考えること自体も私たちの仕事だ」というほど、漠然としていた。

こうして「東アジア共同体構想」が菅副総理の下で具体化することはなく、首相の思いは雲散霧消した。「政治主導の外交」は、スタートからつまずいた。

「迷走」序曲

鳩山政権崩壊に至るまで、メディアが「普天間問題を巡る迷走」と連呼し続けることになったきっかけは、ささいなことだった。

「マニフェストに書いたことを第一に考えていかなければならない。でも私は、マニフェストを絶対変えちゃいけないという、そんな石頭で首相はやってないと思います」

二〇〇九年一〇月七日午後。中山義活《よしかつ》首相補佐官がBS11デジタルの番組収録で普天間問題への対応を聞かれて答えた。

中山補佐官は鳩山首相の側近の衆院議員。八月の選挙で東京二区に返り咲き、得意分野の「中小企業対策・地域活性化担当」で補佐官に引き立てられた。外交安保分野は専門外。コメントは中身に踏み込まない、一般論に過ぎなかった。

首相が毎夕、記者団の質問を受ける「ぶら下がり」で、この中山補佐官の発言に絡めて質問が出た。

「普天間問題についてマニフェストを変更することはやむを得ないとお考えですか」

鳩山首相は従来通り、沖縄重視の姿勢を強調した。

「国民との約束事でありますから、基本的に守ることが大事だと思います。普天間の話になれば、沖縄の県民の皆さんの気持ちというものが、ある意味で一番大事です。日米で合意したという前提の下で、県民にも理解しうる形が作れるかどうかが一番大きな問題だと思います」

だが、最後に付け加えた何気ない一言に、メディアは食いついた。

「時間というファクターによって変化する可能性は、私は否定しません」

取材するメディアが、長い質疑応答の中からニュースと判断して「切り取った」発言は、「サウンドバイト」（Sound Bite）と呼ばれる。重要な発言は繰り返し報道され、時に強烈なインパクトを持つが、失言や暴言の類では政治生命もおびやかす。鳩山首相は、常にあらゆる可能性に言及することが多く、その真意とは別に、前言とのぶれが際立つケースがある。この日の首相発言は、「最低でも県外」との選挙時の発言を修正した、と受け止められた。

数時間後、深夜になって時事通信社が、普天間問題について、「政府が自民党政権下での日米合意を容認する方針を固めた」と報じた。鳩山首相の発言はその中で「必ずしも公約に縛られない考えを示した」と意味づけられた。

「あり得ない」「大誤報だ」

鳩山首相周辺や外務、防衛両省関係者は事実確認を求めるマスコミへの対応に追われた。

翌一〇月八日午後、社民党の重野安正幹事長や、選挙区に普天間を抱える照屋《てるや》寛徳《かんとく》衆院議員（沖縄二区）らが首相官邸に駆け込んだ。会った相手は平野博文官房長官。

「辺野古での新基地建設はやめてほしい。普天間は県内移設ではなく、国外・県外移設による解決を目指すべきだ」

まず、重野幹事長らはセレモニー的に県外移設を求める提言書を手渡したが、真の狙いは、前日の首相発言の真意をただすことだった。

「必ずしも、県内移設を容認したものではありません」

平野官房長官はその場を収めた。

その日の夕方、鳩山首相は記者団とのぶら下がりで開口一番、「辺野古とは一言も申し上げていない」と強い口調で否定した。

前日と同じように「沖縄県民の気持ち」と「日米合意」に言及した上で、この日は新たに「連立の合意」も加え、三者に配慮して最終的な結論を出す考えを強調した。

「時間というファクター」という表現をなぜ首相は使ったのか。その意味を周辺にこう打ち明けた。

「県外移設は非常に難しく、時間がかかる。暫定的な移設先にいったん移して、長期間かけて『県外』を追求していくことも考えないと、現実的に前には進まないんだ」

一方で、記者団に対しては、「将来、未来永劫、この国の土地の上に他国の軍隊が存在することが適当かどうか、そういうファクターもあると申し上げた」と説明した。持論の「常駐なき安保」の理念そのものだったが、ぶら下がりの時の文脈からは理解しづらいものだった。

鳩山首相はこのあと、「沖縄とアメリカと連立、いずれも大事。すべて納得できる案を何とか見つけたい」という趣旨の発言を繰り返す。それに対する関係閣僚の反応、そのときどきのメディアの関心事、報道する社に応じてさまざまなニュースが飛び出し、「迷走」批判が増幅されていく。

「沖合移動」求める知事

「総理の発言は新聞でしか知らない。コメントしようにも、よく分からんですね」

二〇〇九年一〇月八日夕、内閣府。沖縄県の仲井眞知事は、前原誠司沖縄・北方担当相に予算関係の要請を終え、首相発言の感想を記者団に聞かれると、ぶっきらぼうにこう答えた。首相発言だけでなく、政権内部の各方面からバラバラに発信される情報が押し寄せ、何を信じていいのか分からない、という苛立ちが募っていた。

「辺野古しかない。知事に全面的に同意する」

北澤防衛相は九月下旬の沖縄訪問時、こんなメッセージを、知人を介してひそかに伝えてきていた。

「現行計画の沖合移動に応じてくれるということだろう」

知事はそう受け止めていた。

ところが続いて沖縄を訪れた前原担当相は一〇月三日夕、普天間飛行場を視察後、記者団にこう語った。

「知事が『ベストは国外、県外だが仕方がないので辺野古に』とおっしゃっているが、我々としては辺野古への移設は本当に進むのか、疑問を持っている」

前原担当相は一九九六年の普天間返還合意当時、さきがけの外務・防衛・沖縄担当として日米特別行動委員会（ＳＡＣＯ）最終報告のとりまとめに携わった。その間、沖縄を二〇回以上訪れた。それから一三年を経ている。

「時間がかかりすぎている。新たな移設先を再検討し、実施することが必要だ」

前原担当相は「辺野古白紙撤回」を明言した。

一方の北澤防衛相は過去、普天間問題へのかかわりはまったくない。防衛省で一通りのブリーフィングを受けただけで、温度差が大きいのは当然だった。

だが仲井眞知事にとって、そんなことは民主党政権の中の問題だった。政府の方針はどちらなのか。今の計画を続けるのか、やめるのか。

「普天間見直しは外務、防衛の仕事。自分は橋渡し役」と決めている前原担当相の態度からは、いずれとも分からなかった。

「マニフェストでは『県外』とは書いてない。三党合意で『見直す』と。普天間はどうされるのか。アセス（メント＝環境影響評価）は前の政権のまま動いており、取り下げもない。このままいく、という意味なのか」

仲井眞知事は前原担当相と会って解消されなかった疑問を、記者団にぶつけた。

一〇月一三日、現行計画について防衛省がまとめた環境影響評価準備書に対する知事意見提出の期限がきた。

「三党連立政権の合意書で『米軍再編や在日米軍基地のあり方についても見直しの方向で臨む』としているが、具体案や行程などはいまだ示されていない。普天間問題に関する政府の方針及び具体案を早急に示していただきたい」

仲井眞知事は意見書で、政府が移設先を早く提示するよう要求した。同時にこれまで通り「可能な限り沖合へ移動」も求めた。

「民主党政権が最終的に『結局、辺野古移設の現行計画』と決めた時、知事意見をその根拠にされてはたまらない」と知事は考えていた。二〇一〇年一一月に控える知事選が視野にあった。

一九九六年の返還合意以来、「県内移設は反対」という県民の民意は多数であり続け、歴代の知事は、「県内移設」受け入れを求める政府と県民の民意との板挟みの中で苦しんできた。大田知事は三選を目指す知事選をにらんで返還合意から約二年後、「県内移設反対」に転じたが、落選。大田氏を破って後に就いた稲嶺恵一知事もまた二〇〇六年の日米合意に対し、「暫定へリポート案」を対案として突き付け、全面受け入れを拒んだ。

稲嶺県政を受け継いだ仲井眞知事の「沖合移動要求」は「国に物申す」姿勢の県民向けアピール。条件闘争の一環だった。

ところが「国外・県外」を訴えてきた民主党が政権をとったことで、仲井眞知事の立場は大きく変わった。県民世論が大きく「県内反対」へとうねりを強める一方で、「国が押し付ける苦渋の選択」とは言えなくなった。悩ましい立場に追い込まれた。

しかし、鳩山首相は仲井眞知事の苛立ちなど「どこ吹く風」だった。

「知事の気持ちは当然重いと思います。しかし、知事だけではありません。言うまでもありませんが沖縄県民全体の総意をうかがう必要があります。衆院選では新政権に協力する候補がみんな勝ったという事態もあります」

鳩山首相は、知事意見の感想を記者団にこう語った。

知事意見に代わり「県民全体の総意」を探る方法とは――。その後、「方針決定のタイムリミットは」と記者団に聞かれた首相が持ち出したのは、またも「選挙」だった。

「名護市長選があり、沖縄知事選まで見渡してとなるとかなり時間がかかることになりますから、その中間ぐらいの中で結論が必要になってくるのかな、そんなように思っています」

名護市長選は二〇一〇年一月二四日投開票。現行計画を条件付きで容認する島袋市長と、計画見直しを求める新人の稲嶺進元市教育長の事実上の一騎打ちで、激戦が予想されていた。

「現職が負けて『地元の民意は反対だ』と示されることになりますよ」

民主党沖縄県連の喜納昌吉代表が首相官邸を訪れ、首相にこうアドバイスした。

県内移設と決めた直後に民意が反対と明らかになれば、かえって計画は進めづらくなる。

「名護市長選と沖縄知事選の間」。このスケジュールが、後に鳩山首相を「自縄自縛」に追い込んでいく政府方針決定期限の「五月末」の基となる。

嘉手納統合案の「同床異夢」

岡田外相は二〇〇九年一〇月下旬のロバート・ゲーツ米国防長官来日に向け、ひそかに、米軍嘉手納基地（沖縄県嘉手納町、沖縄市、北谷町《ちゃたん》）への統合案を腹案として温めていた。

岡田外相は就任前から「国外、県外は現実的に無理だ」と考えていた。残る選択肢は、県内で現行計画以外の案ができるかどうか、だった。しかも、自ら課した期限が「年内」。

外務省には、それまで検討された移設候補案の概要やメリット・デメリットの評価を記した一〇冊以上のファイルが存在する。岡田外相は就任後、このファイルに目を通し「辺野古」と同様に最有力にランクされていた嘉手納統合案に目をつけた。

〈嘉手納統合のメリットは時間的に早いことだ〉

外務省に保管されたファイルに残る嘉手納統合案を精査した岡田外相には、この案こそ最も重視する「年内」をクリアするのに適したもののようにみえた。

新たな基地を建設しない「基地内基地」。普天間返還にかかるコストや期間を現行計画よりも抑えることができる。

ただ、嘉手納統合案は過去二回検討され、いずれもつぶれている。米軍の運用上の理由と、地元の反対によるものとされていた。

一回目は一九九六年、ＳＡＣＯで議論されたが却下され、沖縄本島東海岸沖に撤去可能な代替施設を建設することで合意。二〇〇二年に決定された基本計画では、その代替施設が滑走路二〇〇〇メートルの軍民共用空港を辺野古沖に建設するという巨大公共事業に姿を変えていた。

計画はその後、膠着《こうちゃく》状態に陥り、〇三年からの在日米軍再編協議で米側が嘉手納統合を含む複数の見直し案を提示。当時の防衛庁は嘉手納弾薬庫地区などにヘリポートを建設する案を検討したが、外務省は辺野古沖の埋め立て計画の縮小案（名護ライト）を米側と進め、再び嘉手納統合案は消えた。最後は防衛庁が妥協案として示したキャンプ・シュワブ沿岸案で押し切ったが、〇六年合意では、やはり辺野古沖に滑走路二本を建設するという巨大公共事業に再び変貌していた。

「四〇〇〇億円もの建設費をかけてあの海を埋め立てるのは、どう考えてもピンとこない」との思いが、岡田外相には強かった。

党幹事長時代の二〇〇九年七月、「嘉手納統合」案の提言を受けたことも念頭にあった。提出したのは長島昭久防衛政務官。党内の有志と普天間問題に関する勉強会を党内に発足させ、四ヵ月の研究成果を報告書にまとめた。

一、普天間飛行場の米海兵隊は、沖縄本島の米空軍嘉手納基地に移設する。

二、海兵隊の飛行訓練は、沖縄本島の南西約三〇〇キロの下地島《しもじしま》（沖縄県宮古島市）にある民間パイロット訓練用の既存飛行場で実施する。

長島政務官は一〇月中旬訪米し、ホワイトハウスや国防総省関係者と会談することになっていた。その数日前のこと。

「長島政務官は嘉手納統合案だ。ワシントンで提案するらしい」

嘉手納町の宮城篤実町長が、嘉手納基地のウィルズバック司令官の元を訪れ、入手したペーパーを示し、警告した。

「政務官が行く前に本国へ伝えるべきだ」

米側は沖縄からの「通報」で身構えた。

「〇六年の（日米が合意した）ロードマップは、普天間代替施設も含めて、今の計画通りやってください。お分かりでしょうが」

一〇月一四日、ホワイトハウス。長島政務官に対し、ジェームズ・ジョーンズ大統領補佐官（国家安全保障問題担当）は、こう言い渡した。

急遽設定された会談は三〇分。アフガニスタン支援策に関する話題が延々と続いた後、ジョーンズ補佐官が在沖縄海兵隊で勤務した思い出話に移った。

「これで終わりかな」

と思った瞬間、とどめに「普天間」が来た。

マイケル・マレン統合参謀本部議長、ミシェル・フローノイ国防次官、ウォレス・グレグソン国防次官補。長島政務官が会ったどの要人も話題の中心はアフガニスタンだったが、全員が最後は必ず、念を押した。

「普天間は今の計画通りで」

もっとも長島政務官には、「嘉手納統合案」を訪米時に持ち出す気は、最初からなかった。「年内は現行計画で決着させ、二〇一〇年一月の名護市長選後に動き出そう」と考えていたためだ。

長島政務官は訪米の結果を、こう総括した。

「米国はアフガニスタンで手いっぱいだ。だからこそ年内いったん決着、年明けに情勢を見て嘉手納統合案を持ち出す、二段階論だ」

「年内決着最優先、だから嘉手納」の岡田外相と、「最終的に嘉手納に落とすための年内いったん決着」の長島政務官。ゲーツ長官の来日をきっかけに二人の「同床異夢」は表面化し、「嘉手納統合案」は三たび、つぶれることになる。

譲らぬ現行計画

「普天間の移設については特に言っておきたい」

二〇〇九年一〇月二〇日、米政府専用機上。ゲーツ米国防長官は同行記者との会見で、質問を受け付ける前に自ら切り出した。訪日の最大の目的が普天間問題であることをあえて強調してみせるためだった。

その日の午後には岡田外相との会談が控えていた。

「米国の関心は普天間問題よりアフガニスタン」と考えていた鳩山政権内での腹合わせは明らかに不十分。平野官房長官は急遽首相官邸に岡田外相と北澤防衛相を呼び、意見調整に追われた。

ゲーツ長官は二〇〇六年一二月に就任、日米合意を前任のラムズフェルド長官から引き継ぎ、〇九年、ブッシュ政権からオバマ政権への政権交代にもかかわらず、続投した。アフガニスタンでの対テロ戦争を重視したためだった。

ゲーツ長官にとって、在沖縄海兵隊のグアム移転計画と「パッケージ（一括実施）」の普天間問題は「現行計画通りの履行」が当然。日本が政権交代しようが何しようが進めなければならなかった。

そのため、来日直前、思い切った陽動作戦に出ていた。自公政権下で認めてこなかった沖縄県知事の「沖合移動要求」に応じ、修正協議を容認する可能性を、米国防総省高官の非公式コメントという形であえて示したのだ。

「もし県知事が飛行場を五〇メートル動かしたいというなら、それは知事と日本政府との間の話だ」

V字形二本の滑走路を五〇メートル程度沖合に移動する案は、前の自公政権下で外務、防衛両省が「最終的な落としどころ」として米側と探ってきた案に他ならなかった。米側の「誘い水」に対し、官僚サイドは「額面通り受け取るべきだ。他には現実的な案はない」（外務省幹部）、「先送りしても解決はない」（防衛省幹部）と受け止めた。

しかし鳩山首相の反応は鈍かった。

「ゲーツ長官が来られる時までにすべてを決めておかなきゃならないということではない。オバマ大統領来日に当たっても、それまでにすべてを詰めておかなければならないとは考えておりません」（一〇月一九日夕、首相官邸）

仕方なく、ゲーツ長官は正面突破の「荒療治」に打って出たのだった。

岡田外相とゲーツ長官の会談は一〇月二〇日午後五時から、東京・霞が関の外務省で行われた。戦後の外務省は、ひたすら米国との関係づくりに腐心してきた。日米安全保障条約のもとで日米関係が絶対的な外交基軸となり、対米外交を預かる「アメリカン・スクール」は省内の権力エリート集団であり続けた。だが、「米国追従」を忌み嫌う鳩山首相になって、日米関係にも微妙な隙間風が吹くようになった。会談はそんな冷ややかな空気を感じさせた。

「日米で目の前の具体的な問題に前向きに取り組まないといけない」

日米関係の一般論から入った岡田外相に対し、ゲーツ長官は単刀直入に本題をぶつけた。

ゲーツ長官「まず、米軍再編を進展させたい。既に日米間で合意したことをやってもらいたい。一三年間、議論は尽くされている」

岡田外相「我々はその間、ずっと野党で反対し続けてきた」
ゲーツ長官「ぜひ約束通り進めてもらいたい」
岡田外相「衆院選で政権交代が行われ、沖縄の四選挙区すべてで現行計画反対の候補が勝利した。元の案で進めるのはさまざまな困難とリスクがある」
ゲーツ長官「現行計画は唯一実現可能なものだ。一一月のオバマ大統領訪日までに普天間問題の結論を出してほしい」
二人は、事務方なども含めた三五分間の会談の後、同席者を一部に絞った少人数会合に移った。ここで岡田外相は「対案」を持ち出した。
岡田外相「早く決めることが大事だ。私は嘉手納がいいと思う」
ゲーツ長官「不可能だ」
岡田外相「(不可能かどうか) まず検証が必要だ」
嘉手納統合案をつっぱねるゲーツ長官に、岡田外相が食い下がる、という展開だった。
翌二一日午前一一時過ぎ、東京・市谷本村町にある防衛省の防衛大臣室で北澤防衛相との会談を終えたゲーツ長官は、二人そろって共同記者会見に臨んだ。この日の朝には、鳩山首相とも会談していた。
「オバマ大統領は大変訪日を楽しみにしている。(〇六年合意の) ロードマップは、合意された通りで進めていくべきだ」

ゲーツ長官は会談した鳩山、岡田、北澤三氏に対する要求を繰り返した上で、「パッケージ論」を強調した。

「普天間代替施設なしでは、在沖縄海兵隊のグアム移転はなく、グアム移転なしでは、沖縄で基地の統合と土地の返還もない」

一方で、再び「誘い水」を向けた。

「滑走路の位置を数十メートル変えることは、沖縄県と政府との間の問題だ」

沖合移動を容認する、と明言したのだ。

だが、鳩山首相はまたしてもそれには乗らなかった。「辺野古移設反対」の県民世論と知事の「沖合移動要求」の両方に言及した上で、こう繰り返した。

「沖縄の中で一つにまとまっておらず、答えを見出すのにそれなりの時間が必要だ。名護市長選、沖縄知事選とある中で、県民の総意をしっかり検証し、答えを出していきたい」（一〇月二一日夕、首相官邸）

鳩山内閣の閣僚の一人はこう振り返る。

「あの誘い水に反応していれば、現行計画の沖合移動で年内に決着できていたかもしれない」

しかし、ゲーツ長官の「誘い水」は逆効果に働いた。

静観する鳩山首相

ゲーツ米国防長官の離日後二日たった二〇〇九年一〇月二三日。鳩山首相は東南アジア諸国連合（ASEAN）プラス3（日本、中国、韓国）首脳会議が開かれるタイの首都バンコクに向け、政府専用機で午後四時二五分に羽田空港を離陸した。機内の「貴賓室」でしばらく休んだ首相は、気になっていた問題を解決しようと、衛星回線電話に手を伸ばした。相手は、平野官房長官だった。

「岡田君、北澤さんが一生懸命やっていますから、私は見守りたい。君も見守ってください」

鳩山首相は、岡田外相、北澤防衛相がともに「県内での年内決着」に動き、これに平野官房長官が同調しようとしている、という気配を感じ取っていた。

岡田、北澤、平野の三閣僚がゲーツ長官来日を前に首相官邸で会談した際、「年末までにはやらないといけない」という意見が出た。

この情報がマスコミにリークされ、新聞朝刊には、「三閣僚が年内を念頭に早期決着を図るべきだとの認識で一致」との見出しが躍った。

〈米国を相手にする岡田外相、沖縄との交渉窓口の北澤防衛相が焦る気持ちは分かる。だが、年内に結論が出るほど簡単な話ではない。岡田、北澤両氏の調整役となる平野官房長官まで早期決着になびけば、私は官邸で孤立してしまう〉

鳩山首相は、ゲーツ長官来日を機に年内決着の流れが定まってしまうことを警戒した。機中からの電話は、移設先を巡る議論が煮詰まるまで時間稼ぎすると同時に、平野官房長官の不穏な動きを封じる狙いがあった。

平野官房長官は、電話にこう応じた。

「分かりました。見守ります。岡田さんと北澤さんの意見の違いは、私も気にしていませんから。総理は自由に発言してください。観測気球みたいなものをあげてもいいんじゃないですか」

平野官房長官はこの日、朝から「三閣僚が年内決着で合意」の報道を否定するのに躍起だった。ひとまず、年内決着への流れを押しとどめることに、鳩山首相と平野官房長官が足並みをそろえた形だった。

岡田外相は鳩山首相が政府専用機に乗り込んだ直後、嘉手納統合案検討を公に持ち出した。狙いは、他の選択肢を模索することよりも「県外」の選択肢を排除することにあった。岡田外相はゲーツ長官との会談後、北澤防衛相にこう耳打ちした。

「これからは二人でやりましょう。嘉手納がダメなら辺野古に帰ってくるんですから」

「二人でやりましょう」とは、鳩山首相には黙っていてもらいましょう、という意味。そして、「辺野古に帰ってくる」には、いずれは現行計画に落ち着く、との含みがあった。

北澤防衛相もゲーツ長官にこう告げていた。

「今後いろんな提案があるだろうが、一つに収斂《しゅうれん》するためのプロセスだと理解してほしい」

いずれ現行計画へと集約されていくはずだ、とのメッセージだった。

岡田、北澤両氏は、ともに「現実路線」で早くこの問題を片付け、外交的にも軍事的にも「同盟深化」へと議論を移したいと考えていた。しかし、鳩山首相は対照的に米国よりも沖縄に思いを馳せ、時間をかけて決着に導こうと、唯一、「理想論」を描いていた。

鳩山首相の思いの背後には、何があったのか――。

一つは、「脱米」志向だった。発足から一ヵ月余りにしかならない日本の政権に対し、頭を押さえ込むように結論を強いてくる米政府のやり方を、不快に感じていた。

鳩山首相の胸中にはこのころ、米国への対抗心が芽生えていた。鳩山首相がこうぼやくのを周辺は聞いている。

「米国はとにかく早く、今の計画のままやれ、の一点張りだ。だからといって米国の言うとおりにしなきゃならないということにはならない。これまでの自民・公明政権のように、米国の言いなりにはならない」

鳩山首相はタイ訪問中、同行記者団に、岡田、北澤両氏の対応の違いを「政治主導」と称してみせたうえで、こう決然と語った。

「最後は私が決めますから」

もう一つは、「辺野古」に代わる「県外移設」へのかすかな希望が芽生えていたことだった。沖縄本島から北方に約二〇〇キロの位置にある鹿児島県の離島、徳之島だ。

バンコクに向けて飛び立つ直前、側近議員の牧野聖修《せいしゅう》衆院議員（静岡一区）が、鳩山首相に耳打ちした言葉が、深く記憶に焼きついていた。

「徳之島出身の人から聞いたが、（徳之島は移設先として）場所もいいし、地元の拒否反応もないそうだ」

鳩山首相にとっては、「徳之島」の名前は初耳だった。実際、どこに位置する島か、正確には思い浮かばなかったが、飛びついた。

「それはいいですね。ぜひ、先生、調べてみてください」

後に、鳩山首相が「腹案」と呼ぶ、「徳之島案」がひそかに動き始めた瞬間だった。まだ、海のものとも山のものともわからず、筋の良し悪しも判断できないアイデアだったが、この行方を見極めるためには、決着を急がず、時間をかせぐ必要があった。

しかし、鳩山首相が胸を張った「政治主導」の実態は寒々しかった。官邸関係者が証言する。

「首相と官房長官の間では、予算、政治とカネ、普天間を『三つの関門』と呼んでいた。この三つは年内決着させなければいけない、という意味だった。前の二つはきちんと態勢をとって取り組んだが、普天間だけは何もないに等しかった」

とはいえ、自民党政権下で沖縄問題は官房長官の仕事。思いがけず重責を担うことになったのが平野官房長官だった。

放置された「危機」

二〇〇九年一〇月二三日、政府専用機上の鳩山首相から電話を受けた平野官房長官に、その時点で具体的な解決策があったわけではなかった。首相に進言した「観測気球」についてもこれといったアイデアを持っていたわけではない。

〈おれは総理の代弁者じゃない。内閣の最大公約数を探るのがおれのやり方だ〉

内閣の「大番頭」といわれる官房長官は、首相の意を代弁し、閣内の相違を調整してものごとをまとめ上げていく役割だとされている。首相が最も信頼する「腹心」や、閣内や党側ににらみがきく「大物」を起用するのが通例だったが、平野官房長官については当初から党内では、重量でも軽量でもない「中量級」という評価がもっぱらだった。いずれにしても、首相とは「一心同体」というのが官房長官の定石だが、平野官房長官はこうした定石とは少し違うスタンスをとっていた。

実際、鳩山首相の発言を、平野官房長官が後から軌道修正するという場面は何度もあった。例えば、政府が普天間問題の結論を出す時期を「名護市長選と沖縄県知事選の中間ぐらい」とした首相発言についても、平野官房長官は記者会見で「政府として決められている話ではない」と指摘した。

この一件は、メディアに、首相発言が官房長官に軽んじられた、と受け止められたが、平野官房長官は、そんなことは気にせず、首相にどんどん発言してほしい、と言う。

鳩山首相や閣僚がさまざまに異なる意見を言っても、最後は首相が閣僚らの意向をくんで判断し、閣議で決める。首相の考えをごり押しするのではなく、「最大公約数」を見つけ出すのが自分の役割だ、と信じ込んでいたかのようだった。

そんな平野官房長官に、鳩山首相もときに困惑を隠さなかった。

「平野君が、どうしてもダメだって言うんだ」

普天間問題に限らず、鳩山首相がこっそりこぼすのを、複数の首相側近が幾度となく聞いている。

鳩山首相と、平野官房長官の発言のずれは、二人が役割分担し、世論の動向を探る狙いか、とも勘ぐられたが、鳩山首相は周辺にこう打ち明けた。

「役割分担なんてない。みんなが勝手にしゃべっているだけだよ」

平野官房長官は、松下電器産業（現パナソニック）社員から労組出身の衆院議員の秘書を経て、一九九六年に政界入りした。鳩山氏の最側近の一人として、鳩山氏の幹事長時代には幹事長代理、代表に就任すると役員室長に就き、民主党を切り盛りした。

不祥事処理などの「裏方」仕事に定評があり、二〇〇六年の偽メール事件や〇八年のマルチ商法業者からの講演料受け取り問題では、かかわった党所属議員からの事情聴取役を務め、事態の収拾を図った。

鳩山内閣では他の閣僚に先んじて官房長官に内定した。組閣の人選作業につきものの不祥事などのチェック、いわゆる「身体検査」のためだ、というのが党内でのもっぱらの評判だった。「『平野』やなくて、『裏の』や」。平野官房長官は半分冗談めかして自らをこう呼んだ。

何より、鳩山代表が平野氏を官房長官に選んだ理由が、党務を仕切る小沢一郎幹事長との連絡役であり、政府の法案を党側と調整する国会対策だった。党国対委員長代理などを務め、その調整能力を買われていたからだ。

「官房長官は国会対策に通じた人であるべきだ」というわけで、鳩山代表は平野氏に白羽の矢を立てた。

しかし平野氏には、普天間問題をはじめとする外交・安全保障政策の分野に「地の利」がなかった。政権発足後の秋の臨時国会で、政府は北朝鮮貨物検査特別措置法案を提出している。これは、国連安全保障理事会の対北朝鮮制裁決議を実行するための法案で、新政権として北朝鮮に厳しい態度を示すのが狙いだった。当然、国会では官房長官の答弁も想定されたが、憲法解釈との関係など細心の注意を必要とする安全保障論議の火の粉をかぶるつもりはなかったようだ。

政府高官の一人は、こう証言する。

「平野さんは、安保問題になると、岡田さんや北澤さんに振ろうとしていた」

その岡田、北澤両氏は、ゲーツ米国防長官来日以降、鳩山首相の意向に反する「年内決着」に向けて着々と歩みを進めていた。

「日本は政権交代した。『約束通り』と言われても困る」

岡田外相は一〇月二九日、外務省でエドワード・ライス在日米軍司令官やジョン・ルース駐日米大使らと会談した際にもこう強調し、嘉手納統合案の検討を改めて表明した。しかし米側は、
一、有事の即応態勢に支障が出る。
二、空軍の戦闘機が常駐し、ヘリコプター主体の海兵隊が混在すれば機能低下を招く。
などの理由から「統合は不可能」と繰り返した。

過去二回検討されながらつぶれた案。その経緯も、岡田外相は省内に保管されたファイルでチェック済みだ。米側の反応は、実は半ば織り込み済みだった。

沖縄では、岡田外相の「嘉手納統合案を検討」発言を機に、米軍嘉手納基地だけで町面積の過半を占める嘉手納町で、町議会が「撤回」を求める意見書を全会一致で可決していた。

「もう少し上手にやれば、嘉手納統合案もうまくいったかもしれないのに……もうダメだ」

長島政務官は岡田外相に託した「腹案」がつぶれかけていく様をみながら、愕然としていた。タイムリミットは二〇一〇年一一月まで引っ張って、そこでまとめて答えを出すしかない……。

米側と地元の強硬な反対を目の当たりにし、「嘉手納統合」と共に「二段階論」をも断念したのだった。

一方、北澤防衛相は二〇〇九年一〇月二七日の閣議後の記者会見で、「辺野古移設の現行計画」支持を変わった形で打ち出した。

「そもそもの日米合意は、まずグアム、それから岩国の基地へ出た。その後の処理として辺野古沖が残った。新政権が検証した結果として、まず国外、県外があって、なおかつ沖縄に残るという『三段構え』の合意案と再認識することが大事だ」

鳩山首相の「最低でも県外」は、普天間そのものについて従来の「県内移設」を見直すという意味だ。これに対し北澤防衛相の発言は、仮に普天間が県内移設の現行計画のままでも、〇六年合意の中に盛り込まれた「空中給油機の岩国基地移転」「海兵隊のグアム移転」が「県外、国外」を満たしているので「公約違反には当たらない」という牽強付会の解釈だった。

一九九六年のＳＡＣＯ最終報告は、普天間問題がメインテーマだった。ところが二〇〇一年、米同時多発テロが起きて米国が在外米軍の配置見直しに乗り出し、普天間の占める位置は相対的に低下した。〇六年合意は、全世界を見据えた米軍再編全体のグランドデザインの中に普天間を組み込み、膠着状態を打開すべく、「海兵隊八〇〇〇人グアム移転」「嘉手納以南の基地返還」を、沖縄県側にアピールする「牽引力」として「普天間移設とパッケージ」と位置付けたものだった。

鳩山首相は北澤防衛相の発言に不快感を隠さなかった。

「グアムへの海兵隊移転は既に決まった話だ。私どもは普天間問題に関して県外、国外と訴えてきた」

北澤防衛相の発言を「こじつけ」と言わんばかりの勢いで、記者団に否定した。

鳩山首相は依然として泰然と構えていた。

「前政権のように、対米追従の日米関係に疑う余地もなければ、新たな検討も必要ないのかもしれない。しかし、我々はこの（普天間）問題で日本の意思を明確に示したい」（二〇〇九年一一月七日配信の鳩山内閣メールマガジン）

「普天間迷走」が始まった二〇〇九年初秋。鳩山政権のだれもが、一三年にわたって漂流し続けた普天間移設問題の複雑さ、困難さを実感できずにいた。「政権交代したのだから、違う道を行く」という掛け声は大きかったが、現行計画とは違う現実的な解決策はどこにも見当たらなかった。沖縄と、米国と、連立与党の、いずれもが納得できる解答を見出せるはずだと夢想し、実際には、目の前に出現した「危機」をなす術もなく看過したに過ぎない。その結果、沖縄の怒りを増幅させ、日米同盟を揺るがし、連立崩壊へとつながった。「変革」とは裏腹に、現状追認や、問題の先送りといった旧弊政治が繰り返されたのが、後に白日の下にさらされる、「鳩山普天間政局」の実像だった。

第四章　見送られた「年内」

「トラスト・ミー」「海兵隊八〇〇〇人はどうする」

二〇〇九年一一月一三日午後三時半過ぎ、バラク・オバマ米大統領を乗せた米大統領専用機エアフォースワンが、羽田空港の最も海側にある長さ三〇〇〇メートルのC滑走路に滑り込んだ。世界一の「VIP」の安全確保から、米側は事前に羽田空港を二時間、閉鎖してほしい、と日本側に要求したが、日本は拒否したとされる。だが、与党関係者によると、オバマ大統領の到着にあわせ、一三分、実際に空港の一部のエリアが閉鎖された、という。

いったん休息をとったオバマ大統領は、鳩山由紀夫首相との日米首脳会談に臨むため、午後七時前、首相官邸に到着した。一〇〇人を超える国内外の報道陣が殺到する中、オバマ大統領は黒塗りの車から黒のスーツに赤いネクタイで降り立った。

出迎えた鳩山首相が右手を差し出すと、オバマ大統領はほほえみながら、がっちりと握り返し、首相の肩に腕を回した。フラッシュの放列の中、両首脳は言葉を交わしながら中へ入っていった。

そうして始まった首脳会談だったが、予定されていた鳩山首相とオバマ大統領がひざ詰めで話す少人数会合は急遽中止され、全体会合のみに変更されていた。

「沖縄の問題についてですが……」

普天間問題について切り出したのは、オバマ大統領のほうだった。冒頭、首相が翌二〇一〇年の日米安全保障条約改定五〇周年に向けた同盟深化の協議開始を提案した直後のことだ。

会談の三日前、岡田克也外相とジョン・ルース駐日米大使が、普天間問題に関する検証作業について日米両国で閣僚級の作業グループを設置し、共に検証をすることで合意していた。首脳会談で問題を焦点化させないためだった。ただ、V字形滑走路二本を米軍キャンプ・シュワブ沿岸部（沖縄県名護市辺野古）に建設する現行計画が決まった経緯の検証だ。〇九年九月、米ニューヨークでの岡田外相とヒラリー・クリントン米国務長官との初会談で、すでに基本合意していた。

オバマ大統領は同じ日、米陸軍基地での銃乱射事件の影響で来日日程が変更になったことを鳩山首相に電話でわびた。その際首相は、首脳会談では普天間問題に深くは踏み込まないことで一致したつもりでいた。アフガニスタン復興に関して五年間で五〇億ドル（約四五〇〇億円）規模の支援も決めた。

〈米国は普天間よりもアフガニスタンだ〉

鳩山首相は考えていた。だが、大統領は予想に反して普天間問題を巡って強い調子で迫ってきた。

「日本の検証作業については理解する。チームも立ち上げた。しかし、早ければ早いほどいい結論が出せる。そうすれば新しいテーマに移ることもできる。検証作業が迅速に（expeditiously）完了することを期待する」

「焦点化回避」の狙いをずばりと突き、検証作業はほどほどにして、現行計画で結論を出してくれ、と求めたのである。

「前政権の合意は重要だ」

鳩山首相は歩調を合わせつつも、こう言葉を継いだ。

「ただ、衆院選で『国外、県外』と言ったことも理解してほしい。沖縄県民の期待も高まっている。とはいえ、時間をかければいいと考えているわけではない。できるだけ早く（as soon as possible）結論を出したい」

オバマ大統領の"expeditiously"と鳩山首相の"as soon as possible"。オバマ大統領の発言には、すぐにでも、という威圧的なニュアンスがあり、鳩山首相の発言には、できるだけ努力する、という意味が込められていた。結論を出す時期を巡る認識のズレ。会談後の共同記者会見でも、二人は同じ言葉を使っている。

会談では、続けて鳩山首相が、後々語り草になる言葉を放った。

「必ず答えは出すので、私を信頼してほしい（trust me）」

この時のやりとりについて首相は、一一月一九日配信の鳩山内閣メールマガジンで紹介している。

「Please trust me（私を信じてほしい）」「Absolutely, I trust you（もちろん、あなたを信じますよ）」

というやりとりだったという。

しかし実際には、オバマ大統領は鳩山首相の「トラスト・ミー」という言葉に対し、すぐには返答せず、一呼吸置いている。そしてさらに突っ込んだ。

「日本側の事情は理解する。事件などもあって、自治体がセンシティブになっていることも理解する。米兵は沖縄県民の『良き隣人』としてありたい」

首脳会談直前に、沖縄県読谷村で米陸軍兵が男性をひき逃げする死亡事件が発生。米軍がその兵士の身柄を監視下に置いていた。沖縄では、米兵絡みの事件・事故が起こるたび日米地位協定の不平等性を指摘し、改定を求める声があがる。普天間返還合意のきっかけとなった一九九五年の少女暴行事件はその最たるものだった。

「最悪のタイミング」に、鳩山首相は外務省にこんな指示をしていた。

「来日までに何とかして下さい。さもないと大統領に言わざるを得なくなる」

鳩山首相は民主党幹事長時代に社民、国民新と三党共同で「起訴前の身柄引き渡し」を明記する改定案をまとめ、政府に提出した。しかし政権をとった今、米側が最も嫌がるテーマを持ち出すことなど、考えられないというわけだった。

大統領は先手を打って沖縄県内の世論への配慮を示した上で、本題の普天間について、容赦なくたたみかけた。

「海兵隊の八〇〇〇人をどうするかということもある。早く結論を出したほうが、メディアからも評価される」

普天間移設が遅れれば海兵隊八〇〇〇人のグアム移転も進まないがそれでもいいのか――。「普天間移設」と「海兵隊八〇〇〇人のグアム移転」は、「再編実施のための日米のロードマップ」（〇六年合意）の柱。〇九年一〇月に来日したゲーツ国防長官と同様の「パッケージ」論だった。

鳩山首相もオバマ大統領も会談では具体的な期限には触れなかった。しかし、オバマ大統領の「迅速に」には「年内（二〇〇九年中）に」という意味が込められていた。

オバマ大統領の発言は、会談後の報道陣に対するブリーフィングで明かされた「検証作業の迅速な完了を期待する」という言葉を除き、これらの機微に触れる部分はすべて伏せられた。

首脳会談の夜、首相公邸で開かれた歓迎夕食会の冒頭、鳩山首相はオバマ大統領に一つのプレゼントを贈った。「ブルーローズ（青いバラ）」。バラといえば赤色が主流だが、バイオ技術で青いバラがこの一一月に販売されたばかりだった。ともに「変革（チェンジ）」を掲げて政権交代を成し遂げたオバマ大統領に対し、「不可能を可能にする」という意味で鳩山首相自身が考えた贈り物だった。

「世界に夢を与える協力関係を築きたい」

鳩山首相はこう言って「ブルーローズ」を手渡した。だが、英語の「ブルーローズ（blue rose）」は、一般的には「あり得ないこと」「無理な相談」を意味する。不可能を現実にし、「バラ色」の日米関係を描こうと期待する鳩山首相。しかし、オバマ大統領は、はじめから普天間問題の見直しは「あり得ないこと」と考えていた。

「沖縄駐留米軍の再編に関して両国政府が達成した合意を実施するために、共同作業グループを通して迅速に進めることで合意した」

翌一一月一四日の東京演説で、オバマ大統領は明言した。

一方、鳩山首相は同じ日、外遊先のシンガポールで大見得を切った。

「大統領は合意が前提と思いたいだろうが、それが前提なら作業グループも作る必要はない」

「トラスト・ミー」発言翌日の両首脳のすれ違い。だが、実際には、鳩山首相に明確な「対案」はなく、大統領が繰り返し「早期に」と念を押したことで、大きく心は揺れていた。

「二段階論」とセットの「年内決着」

「普天間問題は平野君（博文官房長官）に任せることにしましたが、いいですか」

オバマ大統領との会談から八日後の二〇〇九年一一月二一日、首相公邸。鳩山首相は旧知の橋本晃和《あきかず》桜美林大学大学院客員教授と向かい合っていた。

橋本氏は無党派層研究が長く、沖縄の発展と地球共生実現に向けた各種事業を行う財団法人「地球共生ゆいまーる」理事長。鳩山首相と九八年の民主党結成以来の交流がある。〇六年合意に盛り込まれた「緊急時における空自新田原基地及び築城基地の米軍による使用強化」を根拠に、新田原、築城が「県外移設先」となり得ると主張。政権交代前に一時浮上した「新田原、築城」案の発案者だった。

このとき、平野官房長官は「現行計画の修正による年内決着」を念頭に置いた沖縄訪問を計画していた。

「自分に任せてください。できなければ腹を切る」

平野官房長官はこう鳩山首相に宣言した。

鳩山首相は〇九年一一月二〇日、官邸で記者団に、日米の検証作業グループについて、「私の思いも含めて議論していくことになる」と述べていた。普天間移設費用を来年度予算案に計上するのに合わせて、移設見直しの方針を年内に表明する意向を固めていたことが背景にあった。

ただ鳩山首相が考えていたのは、当面現行計画を進めつつ、県外移設の選択肢も引き続き模索する、という「玉虫色」の方針だった。これは当時、政府内でひそかに「二段階論」と呼ばれていた。従来の外務、防衛両省の発想からすれば、「現行計画」と決めれば「県外も模索」

はあり得ない。しかし鳩山首相は何とか両立させたかった。橋本氏は、鳩山首相が模索する「二段階論」の理論的支柱の一人だった。

鳩山首相の意向の一端をキャッチした毎日新聞は、一一月二一日の朝刊一面トップで、「普天間移設　首相、年内に結論　現行案軸に修正検討」と報じた。

だが、「年内決着」で決め付けたような見出しが、鳩山首相には不満だった。

〈年内に何らかのことは言わなくてはいけないが、それで完全決着というわけにもいかない〉

これが鳩山首相の本音だった。

一一月二一日夕、国立劇場で歌舞伎『傾城反魂香《けいせいはんごんこう》』の鑑賞後、上機嫌でとうとうと感想を述べていた鳩山首相は、記者団が「話は変わるんですが普天間基地……」と水を向けた途端、「変わらなくていいです。変わっちゃうんですか?」と合いの手を入れ、笑いを誘った。報道の真偽を尋ねられると真顔で繰り返した。

「まだまだそういう段階では、とてもありません」

「『年内決着』はまったくの推測か」と詰められると、

「そりゃそうですよ。そんな最初から期間を限定されたら、こちらとしても交渉が極めてやりにくくなる」

と強調してみせた。「否定ではなく、やりにくくなるなあということだ」。首相の言葉を聞いた周辺は解説した。

鳩山首相はこの時、橋本氏以外にもさまざまな識者の意見を聴き、「二段階論」を固めつつあった。そのうちの一人が首相の外交ブレーンで、在日米軍縮小論を説く寺島実郎財団法人日本総合研究所会長だった。

「普天間問題への総合判断としては二つのシナリオがある。

一、最低でも県外を貫き、それを米軍基地見直し・日米地位協定改定への流れをつくる第一歩とする。

二、既存の日米合意通りに実行することを受け入れ、その代わりに中期的な日米安保の見直しを含む日米の戦略対話をスタートさせる。

新政権の歴史的役割を考えた場合、後者のシナリオが合理的と判断する」

二〇〇九年一一月六日付で寺島氏が作成した、オバマ大統領来日に当たってのメモに示された提案だ。寺島氏は「現行計画受け入れ」を勧める一方で、日米戦略対話の狙いの一つとして「在日米軍基地の使用目的を施設ごとに再検討し、一〇年以内に米軍基地半減と地位協定改定を実現する」ことを挙げていた。

もう一人は軍事アナリスト、小川和久氏だ。

「仮に現行計画を容認するとしても、あくまでも通過点です。日米同盟の深化と沖縄の負担軽減という全体像を新たに示し、そこにつなげなければいけない。とにかく米側にボールを打ち返すことです」

一一月一六日午前、首相官邸。小川氏の説く持論を、時折メモを取りながらひたすら聞いた首相。会談は約四〇分に及んだ。

小川氏は一九九六年の普天間返還合意の経緯にかかわった自らの体験談を踏まえ、「危険性の除去が第一。普天間の機能をキャンプ・シュワブかキャンプ・ハンセン（沖縄県金武町など）に移し、海兵隊の有事駐留が可能な環境を作る」との持論を月刊誌に寄稿していた。会談は、小川氏の寄稿文を読んだ首相が呼び掛けたものだった。

〈オバマ大統領が言ったように、まずは現行計画を受け入れて、同盟深化協議で新しいテーマに移ったほうがいいのか〉

鳩山首相は外務、防衛両省が敷いたレールに乗ろうとしていた。日米の作業グループ初会合の一一月一七日、首相は記者団に断言した。

「日米で協議をして、結論がもし一つにまとまれば、そのことに対しては、当然のことながら、一番重い決断として受け止める必要がある」

外務、防衛両省はこのころ、現行計画での決着に備え、新たな沖縄の負担軽減策として、米空軍嘉手納基地所属のF15戦闘機が県外で行う訓練を増やしたり、日米地位協定に絡んで、環境汚染があった場合の米国による原状回復義務や国や市町村による立ち入り調査権などを協定に盛り込むよう米側に求めることを検討していた。

鳩山首相は一一月二四日、ワシントンで行われた普天間問題に関する日米外務、防衛の局長級協議の際に腹心の須川清司内閣官房専門調査員を派遣。須川氏は、協議とは別に、米政府高官と会談した。

外務、防衛両省の念頭にあるのは沖縄県が求めてきた「辺野古沖合移動」での決着だった。仲井眞弘多知事も二六日、東京都内で行われたBS放送番組の収録で、「もっと海に可能な限り、出してもらいたい」と改めて「沖合移動」を辺野古受け入れの条件に突き付け、「県内移設やむなし」を明言した。

鳩山首相は翌二七日早朝、仲井眞知事と首相公邸で極秘に会談した。仲井眞知事は県側の同席者を付けず、当番の首相秘書官にさえ知らされていない日程だった。だが、この情報はその日のうちに永田町を駆け巡った。その後、三〇日に初の公式会談を行うと発表したため、「極秘会談で、年内決着に向け大詰めの調整を行ったのか」と憶測を呼んだ。

「沖縄県知事と外相、防衛相は現行計画で進んでいる。鳩山首相も須川氏を派遣したのだから本気だろう」

永田町のこうした見方について、米側も期待感を持って見守っていた。

鳩山政権が米国、沖縄と同時に大詰めの交渉を行い、「年内決着」に向けて動いているかに見えたその時、残る一つのファクター、「連立」を組む社民党がそれを押しとどめるべく動き出す。

福島、亀井両氏の「共闘」

〈大変だ。このままでは年内辺野古で決着してしまう〉

社民党党首の福島瑞穂消費者・少子化担当相は危機感を日増しに強めていた。

福島党首は二〇〇九年一一月二五日、首相官邸で鳩山首相に対し、「私たちは総理を応援しています。県外、国外で頑張ってください」と直訴し、首相から「三党合意を重く受け止めてやっていきます」との言質《げんち》をとった。しかし、事態は好転するどころか、悪化の一途に見えた。

そこで福島党首は連立のパートナー、国民新党代表の亀井静香金融・郵政改革担当相に「共闘」を呼び掛けた。

一一月二七日昼、国会内で社民、国民新の二党党首会談を開催し、与党の党首級で作る基本政策閣僚委員会の下に普天間の作業チームを設置するよう求めることで合意した。会談をお膳立てしたのは共に沖縄県選出の照屋寛徳社民党衆院議員と下地幹郎国民新党政調会長だった。

「普天間問題の結論は、年内に出す必要はない」

福島、亀井両氏は会談終了後の共同記者会見で強調した。

亀井代表はすぐさま、基本政策閣僚委のカウンターパート、菅直人副総理兼国家戦略担当相に電話で提案した。

亀井代表「作業チームを作って三党で協議したらどうですか」

菅副総理「それは筋が違うんじゃないの」
亀井代表「アメリカや地元と決めてもさ、三党でまとまらないとできないんだよ。これはね、助け舟なんだよ」
菅副総理「まあ、考えてみますよ」
「普天間は基本政策閣僚委で扱うべき問題ではない」というのが菅副総理の考えだった。やんわり断ったつもりだったが、亀井代表は鳩山首相にも電話。「設置の方向で了解を得た」と社民党側に伝えた。

福島党首は、東大法学部卒業後、一九八七年に弁護士登録し、男女雇用機会均等や、いわゆる従軍慰安婦問題などに取り組む筋金入りの人権派弁護士として活動した。一九九三年には、韓国人元慰安婦からの政府聞き取り調査団の民間メンバーとしてソウルに派遣され、このときの報告書は、同年八月、慰安婦募集の際に日本軍や警察による強制連行（狭義の強制性）があったと認めた河野洋平官房長官談話の根拠となったことで知られる。夫は、日本弁護士連合会事務総長を務め、受刑者らの人権保護をライフワークとする海渡雄一氏。夫妻には一女がいるが、福島氏は選択的夫婦別姓の導入を唱える急先鋒で、「事実婚」を通している。

そんな福島氏が政界入りしたのは、社会党委員長や衆院議長を歴任した土井たか子社民党党首（当時）から誘われたのがきっかけだった。一九九八年の参院選で比例区から出馬し、初当選。秘書給与問題で引責辞任した土井氏の後継として二〇〇三年一一月に党首に就任。以来、八年目に突入した「長期政権」となり、政治家としても二〇一〇年七月の参院選で三選を果たした。

一方、亀井代表は、福島党首と同じ東大（亀井氏は経済学部）卒業だが、バリバリの左翼出身の福島党首とは正反対のゴリゴリの保守派だ。大学時代は、アルバイトで学費をかせぐ苦学生で、合気道部に所属した。卒業後は別府化学工業（現住友精化）にてサラリーマン生活を送った後、警察庁に進み、一九七二年、連合赤軍メンバー五人が人質をとって一〇日間にわたってたてこもった「あさま山荘事件」では、警察庁警備局の極左事件に関する初代統括責任者として現場で捜査に参加した経歴を持つ。福島氏が主張する選択的夫婦別姓にも反対だ。衆院広島六区で当選一一回。荒業を得意とする政治手法で知られ、三〇年余にわたって政界の表裏をなめつくしたベテラン議員である。

鳩山連立政権を「民主・社民・国民新」の三党で作るという枠組みは、亀井氏が民主党幹部らに再三、念押しして実現した案だった。国民新党単独で民主党と合流すれば民主党内で埋没する。それならば、社民党を取り込んで「国民新党・社民党」で一つのブロックを形成し、連立政権内での存在感を確保する——。これが亀井氏が描いていたシナリオだった。二〇〇九年春、亀井氏は、ひそかに当時の小沢一郎民主党代表と会談した。一九九四年の羽田政権崩壊に伴う政局を例に挙げ、こう直言した。

「次期首相候補に、あんたは自民党に手を突っ込んで海部さん（俊樹元首相）を引っ張り出し、おれは社会党の村山さん（富市委員長）を引っ張り出した。おれが勝ったわな。自民、社会、さきがけの連立政権ができた。民主党が（衆院選で）勝っても、自民党が民主党に手を突っ込んで、そいつを担ぎ出す危険性だってある。民主党に国民新党、社民党の三党がきっちり組んでいける態勢を組まないとだめだ」

保守に根ざした亀井氏は、護憲・リベラル派の福島氏にとって最も遠い存在の政治家だった。かつて、亀井氏が民主党との合流に動いた際、社民党も行動を共にするよう誘われたことがあった。福島氏にとって亀井氏は「何をするかわからない、とてもこわい存在」でもあった。

しかし、この二人が普天間問題では手を結んだ。社民党にとって普天間問題は党の存在意義に関わるもので、現行案の県内移設は認められない。国民新党にとっては社民党が連立を離脱すると民主党に呑み込まれるという危惧があるから、党の存亡がかかっている。それぞれの事情と思惑が背景にあった。

消費者・少子化担当相就任で普天間問題に深く関与できない立場となり、存在感が薄れていた福島党首が、目の前の「危機」を見過ごすわけにはいかなかった。二〇〇九年一一月二七日、「鳩山首相と仲井眞知事が極秘に会談したらしい」とのうわさが広まると、もはや一刻の猶予もない、と思った。

「普天間を年内に決着させたら、参院ではもう一緒にやっていけません。年内は絶対にやめてください」

　福島党首は民主党の小沢一郎幹事長に近い輿石東《こしいしあずま》参院議員会長、平野官房長官、北澤防衛相、菅副総理に次々に電話をかけ訴えた。

　かたや、亀井代表は、普天間問題に対する立ち位置については必ずしも明確ではなかった。それよりも頭にあったのは連立崩壊への危機感だった。

〈連立を揺るがす大問題に発展する事態は、未然に防がなくてはいけない〉

　一一月下旬、亀井代表は平野官房長官をこう諭した。

「なぜ細川、羽田連立政権が崩壊したかわかるか。社会党との微妙なひび割れにオレが手を突っ込んだからだ。参院選前に社民党が離脱したら法案が一本も通らなくなる。だから普天間は急がなくていい」

小沢氏、動く

　連立の両トップである福島社民党党首、亀井国民新党代表が動き出す中で、「連立重視」の小沢幹事長がついに重い腰をあげた。

「輿さん、鳩山さんは普天間で対応を間違えると、政局になっちゃうよ。献金問題があって、予算もまとまらない。おたくは造反する議員まで出てくるんじゃないの？　鳩山内閣は倒れるよ」

二〇〇九年一一月三〇日朝、国会内。社民党副党首の又市征治《またいちせいじ》参院議員が、輿石参院議員会長の部屋に駆け込み、訴えた。「その通りだ」と応じる輿石会長に促され、又市副党首はその場で小沢幹事長に電話した。

又市副党首「小沢さん、鳩山さんは本当に辺野古で行くんですか？　仲井眞知事が鳩山さんと会ったそうじゃないかい。こりゃあ、うちは厳しいよ」

小沢幹事長「あ？　そりゃあ、福島瑞穂が頑張れば大丈夫だろう」

又市副党首「福島が頑張ったってどうなるもんか。辺野古で行ったら政局になっちゃうよ。鳩山さんに言ってくださいよ」

小沢幹事長「そうだなあ。分かった、分かった」

「小沢さんは『分かった』って言ってくれたよ」。又市副党首は輿石会長に伝えた。「それならおれも動く」。小沢幹事長のゴーサインで輿石会長はその日のうちに北澤防衛相を「年内決着見送り」で説得した。

この会談が転換点になり、北澤防衛相の態度が変わりだす。参院の国会運営に気を配る輿石会長の口ぶりから「内閣と小沢幹事長の調整ができていない」と判断、周辺にも「年を越すか、越さないかというところだ」と「年内決着」に弱音を漏らし始めた。

小沢幹事長は普天間問題を巡り、「政府には介入せず」を貫いてきた。

「私はこの新しい政権下では党務を預かり、一般行政は政府がやるという役割分担を決めている。このように大使とお会いしても、政治的なことは申し上げられない」

一〇月二一日、小沢幹事長は民主党本部を訪れたルース駐日米大使にこう語った。ルース大使は仕方なく、冗談めかして、切りかえした。

「幹事長は日本で最も影響力のある政治家なので、総論として聞かせていただけないか。普天間のことは絶対聞きません」

オバマ大統領来日に合わせ、ホワイトハウスも小沢幹事長との会談を調整しようとしたようだった。「一一月の来日時に、一〇分でいいから大統領に会いに来てくれないか」。こんな非公式な打診が在日米大使館を通じてあったという。が、小沢幹事長は応じなかった。

一一月二五日に小沢幹事長は、岡田外相と国会内の幹事長室で約二〇分会談した。このころ、外務省には、小沢幹事長が現行計画を容認するのではないか、との未確認情報がもたらされていた。岡田外相が「普天間を含む外交の現状報告」という名目で面会を求めた。岡田外相はそれまでの経緯を説明したが、小沢幹事長の真意はつかめなかった。

「普天間の話、政策の話はすべて政府に任せている」

いつものように小沢幹事長はスタンスを明かさず、岡田外相が帰った後、周囲に「あいつは何しに来たんだ?」と漏らした。

しかし、「連立の一大事」となると話は別だった。

そのころ、小沢幹事長が最重視していた官僚答弁を禁止するための国会法改正案は、社民党の反対が大きく影響し、民主党は国会提出見送りを決めていた。また、二次補正予算の大幅な積み増しを求める国民新党の主張も頑強で、「連立の円滑な運営」を優先させなければならない事情があった。

さらに、「最終目標は来年参院選で単独過半数を取ること」と公言していた手前、選挙公約へのこだわりもあった。

「辺野古はないだろう。県民が反対しているんだから」

小沢幹事長は一一月一九日、国会内の幹事長室で会った民主党沖縄県連代表の喜納昌吉参院議員に語っている。「年内決着先送り」に動いた社民党幹部は「小沢さんは、参院選の前に辺野古で決めると、『自民党と同じ』とたたかれるから、それを嫌がったのだろう」と振り返った。

一一月三〇日夕、首相官邸であった基本政策閣僚委では、普天間問題に関する作業チームの設置を検討することが確認された。

この場で、社民党の福島党首は「国外、県外移設」の重要性を強調し、政府もこれに呼応した。

福島党首「国外、県外をきちっと議論すべきだ。日米の検証作業グループで交渉して結論を持ってこられても困る。辺野古沿岸部に基地を造るのは反対だ」

亀井代表「三党連立なんだから、社民党、国民新党抜きに米政府や沖縄県知事とまとめようとも、決着にならない」

菅副総理「おっしゃる通りです」

亀井代表「一三年かかっているものを、二、三ヵ月で決められるのか」

平野官房長官「年内に決めるって、誰が言ってるんですか」

政府側の「辺野古沖合移動で年内決着」路線は、与党側の働き掛けで軌道修正を始めた。

「沖縄の民意」見極める首相

米国と沖縄は「辺野古沖合移動で年内決着」という期待感を持って、鳩山政権を見守っていた。

「閣僚級の作業グループで検証をされているということですが、いつごろ終わりますか」

二〇〇九年一一月三〇日夕、沖縄県庁。ルース駐日米大使が就任後初めて沖縄を訪問し、仲井眞知事と会談した。一般の会談取材では冒頭の写真撮影だけ報道陣に公開され、その後しめ出されるケースが多いが、沖縄では最初から最後まで会談内容をすべてオープンにするのが原則。この時も「沖縄方式」だった。

ルース大使は仲井眞知事の質問に、すかさず返した。

「As soon as possible（できるだけ早く）」

オバマ大統領が来日時に述べた「expeditiously（迅速に）」に対し、早期の結論をためらう鳩山首相があえて強調した表現で、ルース大使のジョークを理解している双方の関係者や報道陣から爆笑が起こった。

もちろん、ルース大使はジョークだけでは終わらせなかった。知事がさらに「結論はまだですか」と水を向けると、米国の立場を説明する常套句を強調した。

「迅速に結論を出さなければならないという点では、知事と同じと思う。米国としては（今の）代替施設が唯一実行可能ととらえている」

一方の仲井眞知事は、年内決着は怪しくなってきたのかもしれない、と感じていた。その日午前、鳩山首相と首相官邸で初めて公式に会談したが、結果がはかばかしくなかったからだ。

「一日も早い危険性の除去に取り組んでいただきたい」

仲井眞知事は、「助け舟」を出したつもりだった。

しかし、鳩山首相は、「今、作業グループで検証中だ。それを待って対応したい」と慎重だった。むしろ、仲井眞知事が「県民には県外への欲求が高まっている」と投げ掛けると、即座に「私もよく知っていますよ」と反応したことに、仲井眞知事は不安にかられた。沖合移動での早期決着を求めつつ、県民世論が「国外・県外」への期待をじわじわと高めていることを実感していたからだった。

沖縄県民世論を巡って鳩山首相はこのころ、あらゆる方面の意見を聴いていた。

「辺野古に決めるんなら私を殺してから、辺野古のおじい、おばあを殺してから決めなさい。

沖縄戦後、大浦湾や辺野古の魚が多くの人たちを餓死から救ったんだ。そこを埋め立てて基地を造るなど、もってのほかだ」

一一月二五日夕、防衛省。大田昌秀沖縄県知事時代に県出納長を務めた社民党の山内徳信参院議員が、北澤防衛相に迫った。凍り付く現場。

「私は辺野古とは言っていない。いろいろな可能性を探っている」

北澤防衛相はなんとかその場をつくろった。

鳩山首相は山内議員から前日の二四日、普天間問題を巡り県選出与党国会議員と政府側の意見交換の場を設けるよう要請を受けた際、一通の手紙を受け取っていた。

「私が大学生の時、日ソ国交正常化交渉に向かうため、車いすを降り、タラップを昇っていったおじいさん（鳩山一郎元首相）の映像が印象的だった。今度はあなたの番だ。友愛を説き、『最低でも県外』と言った首相への期待は、あなたが思っているよりはるかに大きい」

敬愛する祖父を引き合いに出した山内議員の言葉は鳩山首相の胸に印象深く残り、それだけに、伝え聞いた「私を殺してから決めなさい」との発言を心の中で反芻《はんすう》した。

一一月二六日には、普天間飛行場を抱える宜野湾市の伊波洋一市長から「アポなし訪問」を受けた。国会での本会議後の立ち話だった。伊波市長は、米海軍が公表したばかりの在沖縄海兵隊グアム移転に関する環境影響評価の分厚い資料を首相に渡して、訴えた。

「これを読めば分かります。普天間の部隊は全部グアムに行くことになっている。辺野古に代替施設は必要ないんです」

翌二七日には、自民党沖縄県連が「鳩山政権が年内に移設方針を決めなければ県外移設を求める」との方針を決定した。従来の「県内移設容認」からの方針転換だった。

首相は記者団にこんな感想を漏らした。

「自民党支持者であれ、民主党支持者であれ、新たな施設を造ることに対しては相当強い抵抗があると理解をしております」

変化は着実に現れていた。オバマ米大統領の来日直前の一一月九日、宜野湾市で普天間の県内移設に反対する県民大会が開催され、主催者発表で約二万一〇〇〇人が集まった。自民、公明の支援を受ける保守系の翁長雄志《おながたけし》那覇市長が共同代表として参加し、こうあいさつした。

「もし県外移設ができなかったら、鳩山首相は沖縄では『友愛』という言葉を封印してほしい。私も保守、革新の枠を飛び越えて一歩踏み出した。立場を乗り越えて団結しましょう」

一二日には名護市の島袋吉和市長が記者会見し、従来の移設容認姿勢を軌道修正した。

「政府から普天間の危険性が早期に解決できる代替案が提示されるなら歓迎する。（現行計画を）誘致したわけではない」

会見は翌二〇一〇年一月に予定される市長選対策の色彩が強かった。衆院選で「最低でも県外」と訴えた鳩山首相の影響で市民の民意は「辺野古移設やむなし」から「移設反対」へと流れ始め、市長の陣営では「このままでは選挙はもたない」との悲鳴が漏れていた。

社民党からの「年内決着」を阻止しようとする圧力と、沖縄県内の党派を超えた「国外・県外」を求める声の高まり。鳩山首相の悩みは深まるばかりだった。

〈「辺野古にする」といったら、社民党が連立離脱してしまう。もっと大変なのは沖縄だ。「私を殺してから決めろ」と言う人がいるのだから。機動隊を使って排除するなどという無理強いはできない〉

一二月一日。月替わりと共に潮目は変わった。

重大な決意

「普天間は国外移設にしてください。社民党は県内移設なら『重大な決意』をする。照屋（寛徳衆院議員）は党首選に出る。これは本気です」

二〇〇九年一二月一日午後、衆院本会議場。社民党の辻元清美副国土交通相、阿部知子政審会長がそれぞれ平野官房長官と岡田外相をつかまえ、詰め寄った。

社民党党首選は、三日後の一二月四日に告示を控えており、福島党首の無投票四選が有力視されていた。しかし、普天間が地元の照屋議員は、普天間問題を巡って存在感の薄い福島党首の態度が不満だった。

〈「辺野古ありき」で進むなら社民党は政権離脱も辞さないという決意と覚悟を示すべきだ。福島党首は発言力が弱い。自分が党首選に出る以外ない〉

　こんな心情を照屋議員は辻元、阿部両氏にそれとなく伝え、三氏を中心に「チーム照屋」を即興で結成。党首選立候補の準備を進めつつ、関係閣僚や政務三役、民主党幹部への説得工作を始めた。

「参院では通常国会以降、予算、法案は一本も通らない」

　それが、殺し文句だった。

　民主党国対は緊迫した。

「絶対に年内決着はダメだ」

　山岡賢次国会対策委員長は本会議場での出来事を伝え聞き、防衛省政務三役に息巻いた。山岡国対委員長は小沢幹事長に近く、幹事長の「連立重視」姿勢に最も忠実な一人だった。

　鳩山首相もその日の昼、首相官邸で平野官房長官、岡田外相、北澤防衛相と、ステーキとフランスパンの昼食をとりながら会談し、連立重視の考えを伝えた。

「社民党、国民新党との関係は大事だ。沖縄県民の気持ちも大事にしたい」

〈首相は外務、防衛の流れに乗ることに慎重だ〉

　こう見てとった平野官房長官は、「辺野古沖合移動での年内決着」を念頭に予定していた沖縄訪問を見送ることを決めた。

　北澤防衛相も、潮目の変化をかぎとった。一二月二日、幹部自衛官を育てる防衛大学校（神奈川県横須賀市）での講演で「連立重視」へと舵を切った。

「三党連立を壊して政局が混乱する、そのことが日本にとっていいのか。そして、仮にこの解決が年を越して、日米の間が極めて不穏な空気になる、私はそういうことはないと思う」

その夜、東京・高輪の高級マンションで、北澤防衛相と国民新党の亀井代表（金融・郵政改革担当相）の就任を祝うプライベートな会合が催された。民主党の石井一《はじめ》副代表や新党日本の田中康夫代表、国民新党の下地幹郎政調会長ら約一〇人が参加。一本数万円する高級ワイン「オーパス・ワン」を六本空けた。

「年内結論はもうなしですよ」

亀井代表が北澤防衛相に念押しし、話題は「新たな移設先」へと移った。

「関空（関西国際空港）はどうですか。橋下知事は今日、政府から正式に話があれば論議すると言ってくれましたよ」

下地政調会長が、関空への普天間移設受け入れの可能性に言及していた大阪府の橋下徹知事に対する「アポなし直談判」の成果を報告した。

「知事に早めに会いたいという気持ちはある」

北澤防衛相はこう応じた。念頭には、「新しい場所を探してください」という鳩山首相の指示があった。関空を所管する前原誠司国土交通相も前日の一日夜、首相官邸で鳩山首相と会談し、省内での検討に着手していた。

そして、二〇〇九年一二月三日午前、社民党常任幹事会。福島党首はあいさつで、こうきっぱりと言ってのけた。

「辺野古の沖に海上基地を造るという決定を内閣が行った場合には、社民党としても私としても重大な決意をしなければならない」

連立離脱も辞さない、との「戦闘宣言」だった。

「重大な決意」。福島党首が放ったこの一言は、「結論越年」の流れを決定づけた。ただ実際にはそれ以前から、じわじわと流れは「先送り」に傾いていた。

「連立は大事だ。沖縄県民の声を丁寧に聞いて、時間をかけて誠実にやるように」

鳩山首相は同日午後、首相官邸で、岡田外相、北澤防衛相、平野官房長官に対し、社民党や沖縄県民世論に配慮し、結論に時間をかけるよう改めて指示。年内の結論見送りが、事実上決定された。

ただ、この場でただ一人「越年」に納得しなかったのが岡田外相だった。翌四日午前の閣僚懇談会でもわざわざ鳩山首相に対し、「(私には)新しい場所探しの指示はなかったですね」と確認を求めた。「検証作業は現行計画に落とすためのプロセス」と米側に説明していたためだった。

このころ、鳩山首相と岡田外相の間には隙間風が吹いていた。

鳩山首相は政権発足当初、岡田外相が「年内決着」に言及した際、「なんで岡田君はそんなことを言うんだろう」と不満を周囲に漏らしたことがある。しかし、鳩山首相は、米国との交渉当事者である岡田外相の気持ちを忖度《そんたく》し、その後は不平を口にしなかった。

ところが、次の火種は、岡田外相が主導して設置を決めた日米閣僚級作業グループだった。この進め方に、鳩山首相は釈然としていなかった。

鳩山首相は後に周辺にこうぼやいている。

「辺野古に決定し、他の選択肢が否定された経緯の検証に矮小化されてしまった。自分はそんなつもりじゃなかったのに」

鳩山首相と岡田外相のこの微妙な「距離」は、最後まで尾を引くことになる。

「ノー・リアクション（反応なし）」

米国務省のマーク・トナー副報道官代理は、鳩山首相が普天間問題の年内結論を見送る意向を固めたとの報道に対し、一二月三日、ワシントンでの記者会見で繰り返した。

「日本政府から正式に説明があるまで静観する。日本側の計画見直し作業を手助けするため協力していく」

しかし、「正式な説明」を受けた米側の怒りはすさまじかった。


「首相は『トラスト・ミー』と言ったではないか」

「本国は怒っている。鳩山首相はオバマ大統領に『トラスト・ミー』と言ったではないか。私を信頼してほしいとまで言っておきながら、なぜこうなるのか」

二〇〇九年一二月四日、外務省で行われた二回目の日米閣僚級作業グループ会合の終わり間際。ルース駐日米大使は同席していた日米両国の事務方はもちろん、エドワード・ライス在日米軍司令官やマイケル・シファー国防次官補代理、ケビン・メア国務省日本部長まで自ら人払いし、岡田外相と北澤防衛相に詰め寄った。

米側にとって結論先送りは完全な不意打ちだった。岡田外相と北澤防衛相がそろって年内決着の意向を表明していたことも米国を欺く結果になった。

わずか一ヵ月足らず前、オバマ大統領が「検証作業はほどほどにして現行計画で決着を」と釘を刺しており、外務、防衛両省のシナリオではこの日、「現行計画で年内決着」と報告できるはずだった。しかし実際はまったく逆に、「年明け以降に先送り」を伝える場となってしまった。

「このままでは普天間は固定化する。沖縄の政治状況が変われば、ゼロに戻る」

ルース大使が指摘したのは、移設先の沖縄県名護市で二〇一〇年一月に予定される市長選のことだ。条件付き辺野古移設容認の島袋市長と、県外移設を主張する稲嶺進元市教育長との激戦が予想されていた。仲井眞知事は、稲嶺氏当選の場合には「辺野古移設は極めて難しくなる」との見解を示していた。

米側の怒りは、首脳会談で鳩山首相が提案し、最大の成果だった「同盟深化の協議」に直ちに波及した。

「ちょっとこんな状況では、同盟深化の協議なんて無理ですね」

一二月四日夜、会合に出席した日米事務方が夕食を共にした際、米側からこんな声が挙がった。「まさかの事態」に、さながら「お通夜」のような作業グループの会合だったからだ。

「それは当然、そうですね」

日本側もこう応じるしかなかった。こうして同盟深化協議は、普天間先送りと共に「フリーズ」した。

国土交通省では一二月三日夜、前原国交相や辻元副国交相ら政務三役が、四日の作業グループ会合に向け、関空など「他の選択肢」を米側に提示できないかどうか、ぎりぎりの詰めの調整を行った。しかし結果は不調に終わった。「対案」を示さない単なる先送り。米側が最も嫌うパターンだった。

「結論を出す時期を先送りするのは、ハッピーではないが許容はできる。でも、場所を変えるのはノーだ。『新しい場所探しを指示した』とはどういうことか」

米国務省はこんなメッセージを日本政府側に伝えてきていた。

〈「結論先送り」と「新しい場所探し」のダブルで招いた米側の不信感を、何とか払拭しなければならない〉

対米交渉の矢面に立つ岡田外相は焦りを募らせた。

一二月五日午後、沖縄県名護市内の公民館。岡田外相は「県内移設反対」を訴えて当選した玉城デニー衆院議員（沖縄三区）の支持者を中心に約一〇〇人が集まった集会で、熱弁を振るった。

「アメリカと二ヵ月間話し合ってきました。でも、日米で合意した案は変えられないという、アメリカの主張は変わらない」

岡田外相は懸命に何度も繰り返した。

「反対し続けると、普天間がこのままになる。海兵隊八〇〇〇人のグアム移転もなくなりますよ」

だが、米側と同じ理屈で迫る岡田外相に、出席者はあぜんとした。「最低でも県外」と訴えて政権交代した鳩山内閣の閣僚が、自民党やアメリカと同じことを言ったからだ。一九九七年の海上へリポート建設の是非を問う市民投票以来、振興策で受け入れを迫る自民党政権のやり口に苦しんできた。家族、親戚、友人同士が基地問題で仲違いに追い込まれた。「地域がバラバラになり大変な思いをしている。早く国外・県外を」。口々に訴える出席者の目に、岡田外相は〝氷の彫刻〟のように映った。集会の最後には、市長選に出馬を表明していた稲嶺元市教育長が「この場で辺野古に基地を造らないと言ってほしい」と迫ったが、岡田外相は答えなかった。

市民投票の年、長男を授かったのを機に、「子どもがいつでも帰ってきたいと思う故郷でなければいけない」と基地反対の活動に参加するようになった主婦、渡具知《とぐち》智佳子さんは、外相への怒りを、こうぶちまけた。

「とにかく市長選に勝つしかない。民意を示せば止められる。岡田外相は言い訳を繰り返した上に、私たちに脅しをかけた。こうなったら稲嶺さんを通すしかない」

一二月七日、稲嶺陣営の女性決起集会での「全面対決宣言」だった。日米合意に理解を求めた岡田外相の「努力」は、辺野古移設に反対する陣営の引き締め効果という、百八十度逆の結果を招いた。

一方、北澤防衛相は「結論越年」を受け、他の選択肢を探り始めた。一二月半ばごろには防衛省幹部に、こう問い掛けた。

「シュワブ陸上案というのはどうだ」

現行計画と同じ米軍キャンプ・シュワブだが、沿岸部ではなく、過去にも検討されたことがある陸上部に移設する案を検討できないか打診したのだった。

一二月一五日午前、政府は与党党首級による基本政策閣僚委員会で、移設先の結論を当面先送りし、与党三党で協議機関を作って検討する方針を決めた。この方針に沿って「沖縄基地問題検討委員会」が一二月二八日に設置され、平野官房長官や社民党の阿部政審会長、国民新党の下地政調会長らが主要メンバーとなる。

一五日の基本政策閣僚委では、平野官房長官が、予算と関連法案が通るまでは先延ばしすべきだ、との判断から、結論を出す時期を「二〇一〇年五月まで」と提案、社民党も了承した。

しかし、合意した期限は公表されなかった。「米側がどう反応するかわからなかった」（官邸関係者）からだった。

外務、防衛両担当閣僚がまるで違う態度をとり、結論を出す時期もはっきりしない。鳩山政権の揺れ動く方針にたまりかねたルース大使はその日の夜、異例なことだったが、首相官邸に乗り込み、鳩山首相を問いつめた。岡田外相も同席していた。

ルース大使「岡田さんに聞いたら『五月には現行案で決める』と言い、北澤さんに聞いたら『もう政局に変わった。現行案はない』と言う。どちらが正しいのですか」

鳩山首相「岡田君の言うことが正しい」

ルース大使「本国に公電を打ってもいいですか」

鳩山首相「いいですよ」

一二月一七日（日本時間一八日）には、気候変動枠組条約第一五回締約国会議（COP15）出席のためコペンハーゲンを訪問した鳩山首相が、デンマーク女王マルグレーテ二世主催の夕食会で隣り合わせたクリントン米国務長官と約一時間半、懇談した。

鳩山首相はこう言って理解を求めた。

「沖縄県民の期待が高まっている。日米合意は重いが、もし無理に結論を出して辺野古と決めたら、その瞬間もっと危険になって、結果的に辺野古にはできなくなりますよ。新たな選択を考えて今、努力を始めているので、しばらく待っていてほしい」

最後は辺野古で決着させるための先送りと受け取れた。実際に鳩山首相や平野官房長官らは「辺野古で決着させるために年内決着を先送りする」と確認し合っていた。

Bridge to Nowhere

辺野古で決着させるための先送り――。社民党に配慮して「二〇一〇年五月まで」の先送りを決めた際のことを、平野官房長官周辺は、こう証言する。

「結論は基本的には辺野古に戻る。社民党がいるからこのタイミングでは決められない。予算と予算関連法案が通らないのは困る、という理由だった」

表向きはこう繕われた「先送り劇」だったが、当の鳩山首相は、「辺野古で決着」には完全に納得したわけではなかった。

二〇〇九年一二月四日朝、鳩山首相は、「首相が外相と防衛相に普天間の新しい移設先を探すよう指示した」とした一部報道の真偽を記者団にただされると、あっさり事実を認めた。

「辺野古しかないようなことを岡田外相は言っているが、他の地域はないのかということは前々から申し上げている」

「新しい場所」は米国に対しては「禁句」のはずだったが、鳩山首相は饒舌《じょうぜつ》だった。

「グアムに全部移設することが抑止力を考えて妥当かどうか、検討する必要がある」

グアム移設に消極的とも受け取れる一方、「グアム移設の是非を検討する」とも解釈できた。「国外移設」を期待する社民党や沖縄県内では期待感が高まり、逆に米国や外務、防衛両省にとっては懸念材料となった。

鳩山首相は、現行計画を当面進めつつ「国外・県外移設」も模索する「二段階論」をいまだに捨てていなかった。「誤解」に端を発し、いったんは断念したはずの「新田原、築城」案もなおくすぶっていた。首相秘書官の一人も、「有事の際に普天間のキャパシティーが一杯になった時に使うということだから、セカンド・ベストではある」と望みをつなごうとした。

二〇〇六年に日米が合意した「ロードマップ」に対する外務、防衛両省とまったく違った新しいとらえ方。柔軟な発想の鳩山首相ならではだった。

鳩山首相をそこまで「国外・県外」にこだわらせたのは、やはり持論の「常時駐留なき安全保障」だった。

「これから五〇年、一〇〇年と他国の軍隊が居続けることが果たして適当かどうかという議論は当然ある。（しかし）現実の総理という立場になった中で、その考え方は封印をしなきゃならんと思っています」

一二月一六日夕、鳩山首相は記者団から、「首相が『常駐なき安保』の考えを今も持っているとしたら、結論先送りは筋が通る」と指摘した石破茂自民党政調会長のコメントに対する見解を求められ、こう答えた。

鳩山首相の「常駐なき安保」は、沖縄に集中する米軍基地の大幅縮小と自衛力の増強がセット。当然、集団的自衛権行使など憲法問題を避けて通れず、実現させたければ社民党とはいずれ決別せざるを得なかった。

「封印する」と言いながら持論を明確に語る鳩山首相に、ある秘書官は意欲ありとみていた。

「首相は来年の参院選まで結論を引き延ばし、社民党を切ってから『常駐なき安保』に本格的に舵を切るつもりではないか」

一方、別の秘書官はこう悔やんだ。

「『常駐なき安保』を封印までする必要があったのか。本当はこの三ヵ月、『米国に守ってもらう日米安保体制』とはどうなのかという根本的な議論をすべきだった」

民主党の小沢幹事長も「常駐なき安保」論者と目されていた。

「普天間の早期解決はどうしたらできるか」

一二月八日、ジェームス・ズムワルト駐日米公使は山岡国対委員長を訪問し、こう尋ねた。すると山岡国対委員長は、小沢幹事長が代表時代の二〇〇九年二月に物議を醸した「米国のプレゼンスは第七艦隊で十分。日本の防衛は日本が責任を果たせばいい」との発言を引きながら、こう答えた。

「あの時、根本からこの問題を議論していれば、今こんな問題は起きなかった」

ズムワルト公使はその九日後の一七日、再び山岡国対委員長を訪問した。いずれも米側の希望で急遽行われたもので、山岡国対委員長は周囲に「相当突っ込んだ議論をしている。『党高政低』だ」と小沢幹事長の威光をちらつかせた。

その小沢幹事長は一二月一〇日から三日間、国会議員一四三人を含む約六〇〇人を引き連れ訪中した。小沢幹事長の狙いを、周辺はこう代弁した。

「おれの目が黒いうちは中国と日本の間に戦争なんてさせない。にらみをきかせているから大丈夫だという強い思いがある。トップ同士が腹を割って話し合える関係を作っておけば何とでもなると。だから沖縄から米軍が引いても問題はないということだ」

「常駐なき安保」論者である小沢・鳩山コンビによる普天間の結論先送り。外務、防衛ラインの「辺野古で決着」路線とは対照的に見え、「政権交代の象徴として、国外・県外を目指しているのでは」との期待を沖縄に抱かせた。

しかし米側は、在沖縄海兵隊のグアム移転計画に対する米議会内の圧力が強まる一方で、グアム移転を円滑に進めるため、「パッケージ」である普天間移設の〇六年合意通りの履行を強く求めていた。〇六年合意を根底から覆すかのような「グアム移設」など、北澤防衛相にはあり得ない選択肢としか思えなかった。

〈「グアム」の選択肢だけは消しておく必要がある〉

こう考えた北澤防衛相は、グアム視察を終えた一二月九日、記者団に「グアム移設」について、

「（〇六年）日米合意からは大きく外れる話であり、そのことを期待して何かをしようと思う

と頓挫する」

と、あっさり否定。社民党をいたく失望させた。

一方で北澤防衛相は鳩山首相に対しても抜かりなく手を打った。

「沖縄の海兵隊は対中抑止力として必要」が持論の岡本行夫元首相補佐官を差し向けたのだ。北澤防衛相は岡本元補佐官とは一九九六年の普天間返還合意当時、岡本元補佐官を囲む勉強会に参加して以来の旧知の仲だった。

一二月一一日、首相官邸。北澤防衛相の仲介で鳩山首相と会った岡本元補佐官は、昼食を共にしながら普天間問題を巡る自らの経験談をまじえ、沖縄海兵隊の「抑止力」の重要性を強調。現行計画微修正での決着を力説した。鳩山首相は熱心に聞き入ったが、岡本元補佐官が説いた抑止力論は極めて具体的で、「観念論」に過ぎない鳩山首相の「常駐なき安保」論を打ち砕きかねなかった。

一方、鳩山首相が、「新たな選択」に言及したことに、ワシントンはざわついていた。クリントン米国務長官は大雪の影響で政府機関の多くが業務を停止していた一二月二一日、藤崎一郎駐米大使を国務省に急遽呼んだ。

クリントン長官は藤崎大使に「現行計画が望ましい」との米側の立場を強調した上で、両国関係に深刻な影響を及ぼさないよう、早期決着を改めて促した。

「長官室で話すのはめったにないことで、重く受け止めている」

藤崎大使は会談後、記者団に語った。

岡本元補佐官も訪米し、カート・キャンベル国務次官補ら米政府の要人と会い、帰国した直後の二一日に鳩山首相にこう現状報告した。

「日米関係は、天気晴朗なれども、波は少し出てきている。お互いに気を付けてマネージしようという雰囲気です」

報告を受けた鳩山首相は、一二月二五日の記者会見で、初めて「二〇一〇年五月まで」の期限を公言した。

「五月までに新しい移設先というものを決定してまいりたい」

「五月」は、米国の国防関連予算案の審議が本格化する時期と重なる。閣内では、岡田外相が熱心に主張していた。しかし首相は、同時に改めて「新しい移設先」という言葉を使った。

危うさを感じた岡本元補佐官は、「三度目の正直」と翌二六日、首相公邸で改めて抑止力論を長時間にわたり講義。抑止力の定義や日本の周囲に存在する他国の脅威について説いた。

鳩山首相は直後のラジオ番組収録で、ようやく、「抑止力の観点から見て、グアムにすべて普天間を移設することには無理がある」と言い切り、グアム移設の可能性を明確に排除した。

それでも、鳩山首相はやはり、「抑止力論」をうまく咀嚼《そしやく》できず、不可解きわまりない、と感じていた。そして年も押し迫った一二月三〇日。

小沢幹事長に近い川上義博参院議員（鳥取選挙区）が公邸で休んでいた鳩山首相を訪ね、迫った。

「グアム移設を米国としっかり折衝すべきだ。政権交代したのだから、自民党がやったことをそのまま受け入れるのはよくない。グアム全面移設を主張すればいい」

鳩山首相はこう答えた。

「それが一番いいですけどね。米国が受け入れてくれれば、ベストですよねえ」

鳩山首相は川上議員を「小沢幹事長の意向をよく知る人物」とみて、意見を求めることがしばしばあった。

小泉政権下で普天間問題に長く携わった元政府高官は指摘する。

「普天間の移設先は、沖縄の今の政治状況下では現行の〇六年日米合意か国外のどちらかしかない。県外に新たに米軍基地を受け入れてもらうための調整は県内移設よりはるかに難しい。政権交代の象徴として『国外移設』を米側に求め続けるというのは一つの手だ」

この時点での「結論先送り」は、鳩山、小沢両氏を政権運営の中核とする「小鳩」体制が当分続くことが前提だった。「党と政府の役割分担」の中で、民主党マニフェストの目玉だった暫定税率廃止の是非を巡る最終調整にみられるように、「いざという時の小沢頼み」が官邸サイドに刷り込まれていた。

「来年五月に、おれは腹を切ることになる」と、周囲に宣言した平野官房長官の念頭にも、小沢幹事長が最終局面で「裁可」する、というシナリオがあった。

しかし、実際にはおよそ半年後、鳩山首相は「辺野古回帰」を決断し、社民党は連立を離脱。平野官房長官が「腹を切る」どころか、鳩山首相が小沢幹事長との「ダブル辞任」に追い込まれていく。

ホワイトハウスのジェフリー・ベーダー国家安全保障会議（NSC）アジア上級部長は、鳩山首相が結論を先送りしたことについて、後にこう振り返っている。

「（鳩山首相の判断は）間違いだと思った。日本政府にも、意見が違うとはっきりと言った。正直に言って、先送りがより前向きな結論を導き出すことには懐疑的だった」

だが、ワシントンは同盟国への配慮から、日本政府の当面の対応を見守る方針を決めた。辺野古移設が「最善の策（best option）」だと強調する一方、鳩山政権を追い込まないよう「唯一の策（only option）」という表現はなるべく使わないようにもした。いずれ「辺野古」で決着する――。実際にオバマ政権がそれ以外の選択肢を検討した節は最後までなかった。

「結論先送り」は、何の効果も持たず、浪費を重ねることを意味する、"Bridge to Nowhere"（行き先のない橋）となった。

第五章　それぞれの「腹案」

名護市長選の衝撃

「普天間は私に任せて、総理は黙っておってください」

年明けて二〇一〇年。日米安全保障条約改定から五〇年を迎える節目の年の一月四日夜。国会近くの東京・虎ノ門のホテルオークラ東京にある日本料理店「山里」で、平野博文官房長官は鳩山由紀夫首相と差し向かいで、上機嫌で杯を重ねていた。

話題は平野官房長官が委員長を務める与党三党の「沖縄基地問題検討委員会」。鳩山首相は記者会見で「委員会の中でしっかり議論をして結論を出すことを国民の皆さんにお約束をいたしたい」と述べていた。平野官房長官は張り切っていた。

平野官房長官「毎週沖縄に行きますから」

鳩山首相「官房長官が毎週行けるんですか?」

平野官房長官「土日に日帰りだろうと行きますよ。アメリカも行かないと」

鳩山首相「どうやって行くんですか」

平野官房長官「政府専用機があるじゃないですか」
鳩山首相「私は官房長官代理ですか」
平野官房長官「その代わりに腹を切りますから。総理は毅然としていてくださいよ」

　平野官房長官は再び、「腹を切る」と鳩山首相に豪語した。「腹を切る」発言は、「県外移設」が実現しなければ、責任を一身に背負って辞任する、という意味だった。酒席は二時間を過ぎ、大いに盛り上がった。

　この後、周辺に「これからの俺のカウンターパートはジョーンズ大統領補佐官だ」と、ホワイトハウスとの直接交渉を通じた政治決着に意欲を示した。

　五日には鳩山首相の私的勉強会「国家ビジョン研究会」の会合が首相官邸で開かれ、孫崎享《まごさきうける》元外務省国際情報局長が海上自衛隊大村航空基地（長崎県大村市）や陸上自衛隊相浦駐屯地（同県佐世保市）などを普天間の移設先とする私案を提出した。

　大村航空基地は長崎空港内のA滑走路地区を指す一般名称で、ヘリコプターを運用している。相浦駐屯地には島嶼防衛を念頭に置いた有事即応部隊の西部方面普通科連隊があり、海兵隊の任務と共通点がある。

　研究会は、大学関係者など二〇人から成る幹事長時代からの私的な勉強会で、孫崎氏は「国際外交・安全保障問題分科会」会長。「沖縄の『普天間を県外に』という意思は非常に強い。無視すればかえって長期的な反基地闘争が盛り上がり、日米安保体制を崩す」と力説した。後に両案は、訓練の困難さなど運用上の問題から立ち消えになるが、一時は、社民党、国民新党がともに検討した。

鳩山首相は、国家ビジョン研究会での討議を踏まえ、「基地問題検討委ですべての選択肢をどのようにするか考えていただく」と記者団に述べた。

だが、それは建前で、基地問題検討委で政府案を決めるつもりは鳩山首相にも平野官房長官にもなかった。他の与党からの出席者は阿部知子社民党政審会長と下地幹郎国民新党政調会長。極秘裏に進めるべき案を知る人が増えれば増えるほどマスコミに漏れる可能性があった。表舞台で本当の議論ができるはずはない、というのが本音だった。

平野官房長官はまず、沖縄とのパイプ作りが大切だ、と考えていた。この段階で、県外移設の「腹案」はなく、五月末を期限とする結論は、二〇〇六年日米合意の現行計画通り、キャンプ・シュワブ辺野古沿岸部（沖縄県名護市）を念頭に置いていた。

沖縄に飛んだのは八日。官房長官としては九州・沖縄サミットの二〇〇〇年以来、一〇年ぶりの沖縄訪問だった。翌九日朝、那覇市の沖縄県庁。勢い込んで仲井眞弘多知事との初会談に臨んだ平野官房長官は、てっきり「条件付き県内容認」と思い込んでいた知事の発言に、面食らった。

「県民は今、県外を強く望んでおります。一つ、そういう方向も含めて答えを出していただければ」

マスコミが一挙手一投足を見守る中でどう返していいのか戸惑った平野官房長官は、本音を漏らした。

「こういうマスコミの皆さんがいる前で言うべきではありませんが、もっと知事はじめ各自治体の皆さんと官邸との間のパイプを太くして、問題解決に取り組みたい」

仲井眞知事が、是非パイプを作ってほしい、と応じたのを幸い、さらに突っ込んだ。

「私のほうも、知事のご決断ということでお願いするかも分かりません」

県内移設を示唆する発言。恐ろしいですね、と切り返した仲井眞知事は会談終了後、記者団に向かって戸惑いを露わにしてみせた。

「僕は県外だと思ってるもんですから。あれ？　という感じですよね」

翌一〇日、移設先として浮上していた下地島（沖縄県宮古島市）や伊江島（同県伊江村）を含む沖縄周辺の離島や本島を自衛隊機で上空から視察した。やはり、県内移設を示唆する行動だった。

〈官房長官は、沖縄県民世論というものをよくご存じないようだ〉

困ったものだ、と仲井眞知事は内心思っていた。「国外・県外」を目指すと訴えて、自民党から政権交代した政府の官房長官が、初めて沖縄に来て「知事の決断をお願いするかも」と発言する。沖縄県民の目にそれがどれだけ奇異に映るか、まったく分かっていない。

一一月には知事選を控えている。再選を目指しての出馬をいつ正式に表明するか、仲井眞知事はタイミングを見計らっていた。「県内移設容認」で歩調を合わせてきた自民党県連は、政権交代に伴って「県外」に方針転換。後援会からも「県外を明確にすべきだ」との声が出るなど、支持基盤には変化が生じていた。沖縄県幹部からは「こちらから辺野古移設に触れる必要はもうない。ベストである県外を要求すればいい」と突き上げられる。知事の姿勢が「国外・県外」に寄っていくのは当然のことだった。

この後、沖縄県の下地島や伊江島の関係自治体議会が、普天間移設反対の意見書を相次いで可決。普天間移設の是非を巡って「条件付き容認」の現職、島袋吉和市長と、「反対」の新人、稲嶺進氏が激戦を繰り広げていた名護市長選で、稲嶺氏に対する県内世論の「追い風」となった。

何より大きかったのが、「政権交代効果」だった。

「基地とリンクした振興策には依存しない街づくりをしたい。それが稲嶺さんの訴えです。参院選にもつながる重要な選挙ですから」

二〇〇九年一二月二八日夕、民主党本部の幹事長室。小沢一郎幹事長に対し、普天間移設先の名護市を抱える沖縄三区から初当選した玉城デニー衆院議員が訴えた。玉城議員は小沢幹事長を支持する党内グループ「一新会」所属。「国外・県外」を掲げる沖縄県連は稲嶺氏の推薦を決めており、党本部の支援を求めたのだった。

「うんうん、そうかそうか」

うなずいて聞いた小沢幹事長は翌日夜、首相官邸近くのそば屋「永田町　黒澤」であった与党幹部の忘年会で語った。

「きれいな海を埋め立ててはダメだ」

この発言は、小沢幹事長が名護市辺野古沿岸部を埋め立てる現行計画に否定的な見解を示した、と出席者のだれもが受け止めた。

小沢幹事長は、名護市長選情勢に対しても、より直接的な行動に出た。告示日直前、沖縄県連が名護市で開催した新たな陳情方式を説明する会合に、側近の佐藤公治民主党副幹事長を特派したのだ。出席者は、選挙結果を左右する建設業者が主体。説明に立った佐藤副幹事長は「小沢イズム」を遺憾なく発揮した。

「あからさまに自民党べったりなのはいかがなものか。せめて中立になっていただきたい」

ある保守系の市議は、「条件付き移設容認」派の島袋吉和市長を支援してきた有力組織の一部が、選挙の最終盤で稲嶺氏支持に回った、と明かす。側近の「恫喝」は、政権交代を印象付けたい、という県連の期待に応えるものだった。

そして二〇一〇年一月二四日の投開票日。名護市民は初めて「県内移設反対」の稲嶺氏を選んだ。

報道各社が「当選確実」を打った午後九時過ぎ、プレハブの選挙事務所に現れた稲嶺氏を、数百人の支持者が指笛と拍手、太鼓の音で出迎えた。沖縄のお祝い事やお祭りに付き物の手踊り、カチャーシーをひとしきり踊った後、稲嶺氏は引き締まった表情で一言一言、かみしめるように語った。

「一三年間の思いを皆さんがぶつけてくれた。これが市民の民意なんだ、一つなんだと示された。辺野古の海に基地は造らせない。その公約を信念を持って貫いていきたい」

普天間移設の是非を問う選挙は、一九九七年の市民投票に始まる。政府が移設受け入れと引き換えの地域振興策を打ち出し、防衛施設局員を動員して戸別訪問まで行う露骨な集票作戦に出たにもかかわらず、結果は「反対」が過半数だった。ところが当時の比嘉鉄也市長が北部振興策を条件に受け入れを表明して辞任。九八年の出直し市長選以来、過去三回とも移設容認の候補が勝ち、政府は「地元名護市の受け入れ姿勢」を支えに移設計画を進めてきた。

稲嶺氏は辺野古近くの三原地区出身。比嘉元市長の後継として二期務めた岸本建男市長が普天間問題に翻弄されるさまを、市幹部として近くでつぶさに見続けた。岸本氏は九九年に「使用期限を米政府と話し合う」「基地使用協定を締結する」など七条件を付けて移設受け入れを表明したが、米軍基地内の土地賃貸契約を拒否する反戦地主でもあった。

稲嶺氏は四年前の市長選の際、勇退を決めた岸本氏から「後継指名」を受けたが、出馬に踏み切れなかった。「家族から『普天間問題にもろに巻き込まれる』と反対されたからだ」と岸本氏周辺はその理由を明かした。代わって後継となったのが島袋氏だった。岸本氏は島袋氏に「妥協してはいけない」との「遺言」を託し、がんで亡くなったが、島袋氏は直後にＶ字形案で防衛庁と基本合意。「裏切られた」との思いを持ち続けた岸本元市長の妻が今回、稲嶺氏を応援した。

「一三年前の市民投票の『移設反対』が真の民意だ」

稲嶺氏が指摘した「民意は一つ」とは、そういう意味だ。政府は「地元名護市の受け入れ姿勢」という支えを失った。普天間問題が持ち上がって以来初の事態だった。

平野官房長官はあわてた。期日前投票の動向などから、現職有利とみていたからだ。しかし、すぐさま辺野古移設の現行計画を破棄するわけにはいかない。米側には「辺野古決着のための先送り」と年末に説明している経過もあった。翌日の記者会見では、率直すぎる反応を示した。

「今ゼロベースで移設先を検討しているところだから、一つの民意の答えとしてはあるんでしょうけれども、斟酌《しんしゃく》してやらなきゃいけないという理由はない」

沖縄では、県内移設に対する賛否に関係なく、怒りが燃え上がった。

「政治を行う人は民意を大切にすべきではないのか」（稲嶺氏）

「選挙が終わってからこんなこと言い出すなら、最初から言えばいい」（島袋氏）

しかし、鳩山首相の反応は、平野官房長官とは違った。

一月二九日の施政方針演説では「沖縄の負担を少しでも軽くする最善の解決策を沖縄基地問題検討委で議論し、五月末までに具体的な移設先を決定する」と明言した。

鳩山首相は、「五月末までの現行計画以外の移設先」を模索し始めた。

平野官房長官がプレーヤーとして指揮権を握り、いったんは現行計画を受け入れたはずの鳩山首相が新たな移設先を求めて動き出した――。事態の急変に困惑したのは米国だった。

一月二八日、現行計画を決めた当事者である自民党の額賀福志郎元防衛庁長官が東京・赤坂の米大使館にジョン・ルース駐日米大使を訪ねた。大使は額賀元長官にこう言った。

「鳩山政権が五月までにどう対応するか見守りたいと思う。ただ、日本政府のだれと話していいのか分からないんですよ」

「抑止力」強調する米国

五〇年前の一九六〇年。日米安保条約は一月一九日にワシントンで署名され、六月二三日に発効した。当時は日本が岸信介内閣、米国はドワイト・アイゼンハワー政権だった。日米同盟の根幹を成す条約で、米国は日本が攻撃された場合に日本と共同して防衛する代わりに、日本は米国に基地を提供するという内容だ。現在、在日米軍が存在する根拠になっている。ただし、日本側は米国を防衛する責任は負っていない。

日本では安保反対の「安保闘争」が巻き起こり、国会議事堂前の大規模デモでは警官隊とデモ隊の衝突で東京大学生の樺《かんば》美智子さんが圧死する事件に発展。岸首相は赤城宗徳防衛庁長官に陸上自衛隊の治安出動を要請するが、赤城長官はこれを拒否。岸内閣は条約発効に合わせて総辞職した。戦後の日本の歴史を画する一大事だった。

在日米軍はアジア・太平洋だけでなく、南西アジアから中東地域、アフリカ東岸におよぶ広範囲の世界戦略の重要な戦力であり、日本はその戦略拠点だ。アイゼンハワー大統領が日米同盟関係を「不滅だ」とまで表現したのは、米国にとって日本や在日米軍は戦略的、地政学的にそれだけ重要なことを示している。現在、米国はアジア・太平洋では、オーストラリア、フィリピン、韓国、タイ、日本と同盟関係にあるが、日本の在日米軍は「地域全体のバランスを保つ楔《くさび》」と、別格に扱われている。

米軍普天間飛行場移設問題の見直しは、日本の中でも重要な拠点である沖縄から「県外」へと米軍基地を移すもので、米軍の運用にも大きな支障を及ぼしかねない内容だった。米国政府は二〇一〇年一月、日米安保条約改定五〇年に合わせて積極的な広報戦略に打って出た。目的は、沖縄の在日米軍の抑止力を周知させることだった。

日米安保セミナーで「日米同盟の未来」をテーマに、ジェームズ・スタインバーグ国務副長官がワシントンのウィラード・ホテルで講演したのは一月一五日だった。いわゆる「知日派」ではないが、二〇〇〇年の九州・沖縄サミット（G8主要国首脳会議）で、クリントン大統領のシェルパ（個人代表）を務め、沖縄問題とは無縁ではない。

スタインバーグ国務副長官は、九州・沖縄サミットでの経験を振り返り、「沖縄をめぐる問題に悩まされる中で、あの時代がどれほど重要だったかを思い出すのは、少し皮肉なことだ」

と述べた。

前年一一月のバラク・オバマ大統領のアジア歴訪が日本から始まったことを取り上げ、「日米同盟が、過去と同様に今後も米国のアジア地域への関与の礎であり、米国の外交政策の基盤であり続けるからだ」と強調。在日米軍再編については「アジア・太平洋地域で米軍の存在を確固たるものにするために欠かせない再編を、時宜を得たやり方で進めていけることを期待する」と表明した。

日本でも、一月二九日、ルース駐日米大使が、東京・西早稲田の早稲田大学で「日米同盟―今後も変わらぬその重要性」と題して講演した。ルース大使は在日米軍の存在意義が、対北朝鮮、対中国であることを指摘し、強調した。

「この地域にこうした不確定要素がある中で、安全保障環境の大きな変化が地域の将来の平和と繁栄に悪影響を与えないようにするためには、強力な日米同盟関係による抑止効果が不可欠です。在日米軍の基本的な役割は、この地域で軍事力行使を考える人々に、その選択肢は使えないと理解させることです」

在日米軍は、陸軍、海軍、空軍、海兵隊の兵士合わせて四万九〇〇〇人。このうち沖縄の海兵隊・第三海兵遠征軍（司令部・沖縄県うるま市のキャンプ・コートニー）は、「ほかのすべての米軍の中心的能力を集約し、海兵空地任務部隊という迅速な展開を可能にする自己完結型の戦闘部隊」とされる。有事の際、海兵隊は自分たちだけで、短距離ヘリコプターで地上戦闘部隊や支援部隊を周辺地域に輸送できる。ルース大使は、海兵隊が完全に日本から撤退すれば、「地域内における海兵隊の機動性と有効性に影響が及び、この地域に対する米国の関与に否定的な見方が広がる可能性がある」と指摘した。

沖縄についても「安全保障環境の動向を考えると、沖縄の重要性は軽減することなく、むしろ重要性は増している」とし、具体的な事例として防衛省が沖縄を含む南西諸島への自衛隊配備を検討している点を挙げた。

二月一七日には、ハワイに司令部を置く米太平洋海兵隊のキース・スタルダー司令官（中将）が東京都内の東京アメリカンセンターで講演した。太平洋海兵隊は、第三海兵遠征軍を指揮下におさめ、かつてウォレス・グレグソン国防次官補もこのポストに就いていた。現役将校のスタルダー司令官は「沖縄の海兵隊員は日本の安全のために必要とあらば戦死もいとわない。それがこの同盟における我々の役割だ」と強調し、「抑止力論」をより具体的に語った。

「第三海兵遠征軍の役割の一つは、日本国民も多く住む韓国の民間人の安全確保を支援することだ。迅速な展開能力があり、優れた訓練を受けた兵士と優れた装備を持ち、機動性に富んだ沖縄の海兵隊は北朝鮮に対する強力な抑止力だ。北朝鮮は確かに、そこにある脅威だ」

強調したのは、核兵器を開発したとされる北朝鮮の脅威だ。スタルダー司令官はこれとは別の自衛隊幹部や有識者との会合で、北朝鮮に不測の事態が起きた場合、核兵器を無力化させることが海兵隊の任務に含まれることを明言した。

講演では、北朝鮮だけでなく、中国への警戒も示した。

「中国政府や軍を脅威だとはみなしていないが、二〇〇九年の中国の国防予算は一四・九パーセントの伸びを示している。すでに米国に次いで世界第二位の国防予算を使っている」

小沢幹事長が代表当時、米軍のアジアでのプレゼンスを「第七艦隊だけで十分」と発言したことを暗に取り上げ、反論した。

「ハワイからインドの間で、唯一、（他地域に）展開可能な地上部隊を持つのが沖縄の海兵隊だ。これは日本を防衛し東アジアの安全を維持する任務を負っている。『同盟はありがたいが、陸上部隊は必要でも、欲しくもない』というのは通用しない」

さらに沖縄の重要性についてはこう強調した。

「海上での移動時間は、沖縄から日本本土まで一～二日、韓国まで二日、南シナ海まで三日、マラッカ海峡まで五日だ。仮に海上にすでにいた場合は、一日で緊急事態に対応できる。カリフォルニアからだとどこへ行くにも最低二一日かかる」

最後に、普天間問題を巡り日米間がぎくしゃくしている点を暗に取り上げ、警鐘を鳴らした。

「日本と米国の潜在的な敵が、日米同盟に隙間がないか目を凝らしている」

米側は、海兵隊の存在なしに抑止力は発揮できず、沖縄に配備されてこそ抑止効果がある、という理屈だった。核兵器を開発したとする北朝鮮、紛争の火種となっている中国と台湾問題に地理的に直面する沖縄の存在は重要だという。しかし、海兵隊の任務はいったん事が起きた後の緊急派遣・展開である。抑止力の具体的な内容は何か、なぜ沖縄でなければならないのか、なぜ「県外」ではだめなのか、という疑問には答えていなかった。

「シュワブ陸上案」

北澤俊美防衛相は、最近、鳩山首相がつぶやいた言葉が、心に残っていた。

「今度は防衛省にしっかりやってもらおうと思っていますから。よろしくお願いしますよ」

年末までの調整では外務省に任せて失敗した、という意味だった。鳩山首相は、「辺野古決着のための先送り」と米国に約束したにもかかわらず、「辺野古の海を埋め立てるのは嫌だ」との思いを持ち続けている。

北澤防衛相は、年末に防衛省内で検討を打診していた「シュワブ陸上案」の実現性を引き続き考えていた。同じ辺野古でも、米軍キャンプ・シュワブの陸上部に移設する案。名護市長選に当選した稲嶺市長の「辺野古の海に基地は造らせない」との公約とも矛盾しない。陸上案なら今のV字形と違って、海を埋め立てなくて済むからだ。

この案を最初に提案したのは、V字形の現行案が決まる前、二〇〇五年の日米交渉にあたった当時の守屋武昌防衛事務次官だった。

守屋元防衛事務次官は一九九六年の普天間返還合意以降、実務者として常にかかわり続けた、普天間問題の「第一人者」だ。北澤氏は参院外交防衛委員長時代の二〇〇七年、収賄疑惑を巡る守屋元次官の証人喚問に立ち会っていた。

防衛装備品納入を巡る汚職事件で収賄罪などに問われ、有罪判決を受けた守屋元次官は二〇〇九年一二月、控訴が棄却された時の記者会見で力説した。

「沖縄に最も負担をかけないのは、日米合意案しかない。一〇〇パーセントの解決はない」

北澤防衛相にとって、思いがけず自分が普天間問題の矢面に立たされた今、辛酸をなめ尽くした当事者の意見は参考になるに違いなかった。

「シュワブ陸上案というのは、どうですかね？」

二〇一〇年一月のある日、東京都内。守屋元次官と食事をしながら、ざっくばらんに聞いてみた。

「基地内基地ですから、反対運動はそれほど大きくはならないと思いますよ。楚辺《そべ》通信所をキャンプ・ハンセンに移転した時がそうでした」

「楚辺通信所」は沖縄県読谷村にあった米軍の通信傍受施設で、「象のオリ」と呼ばれ、一九九五年の少女暴行事件を機に燃え上がった反基地運動の象徴的存在だった。基地の土地を所有する「反戦地主」が契約更新を拒否、当時の大田昌秀知事も代理署名をしなかったため、「楚辺通信所」は国による不法占拠状態に陥った。普天間と同じく九六年に米軍キャンプ・ハンセン（沖縄県金武町など）への移設を条件とした返還で日米が合意。移設が完了した二〇〇六年末に土地は所有者に全面返還された。

北澤防衛相は守屋元次官のアドバイスを記憶に刻みつけた。

北澤防衛相は二〇一〇年一月に、政務三役直属の「特命チーム」を発足させ、省内で案の検討を進めつつ、与党三党の沖縄基地問題検討委員会にも目を配った。主要メンバーの一人である国民新党の下地政調会長とは気脈を通じている。自らの「腹案」を「国民新党案」として提案させ、政府・与党案へと持っていくつもりだった。

「国民新党がシュワブ陸上案を提案する方針を固めた」

NHKが二月一四日夜のニュースで報じ、各社も追い掛けて報道した。

黙っていられなかったのは連立のもう一方のパートナー、社民党だ。三日後には基地問題検討委で各党案を提示し、事実上の締めくくりという流れになっていたからだ。

〈陸上だろうが、辺野古には変わりない。連立離脱するしかなくなる〉

党首の福島瑞穂消費者・少子化担当相はこう考えて翌一五日昼、反対のコメントをするためにわざわざ役所に番記者を集めた。

「名護市長は『海上でも陸上でもダメだ』と明言された。社民党は国外・県外移設で一生懸命頑張っていく」

確かに、選挙中は「海に造らせない」という主張だった稲嶺市長は、当選翌日から「陸もダメだ」と言い始めていた。社民党はこれに同調した。

しかし、カチンときたのは下地政調会長。まだ報道ベースで正式に提案もしていない案を一蹴され、記者団に怒りをぶちまけた。

「非常に不愉快な気持ちだ」

シュワブ陸上案を巡る社民党と国民新党との与党内対立は先鋭化した。

ここで「連立重視の先送り」という、年末に見た光景が再び現れた。「予算が通らんぞ」と言われることを何より恐れる民主党の山岡賢次国会対策委員長に、社民党の照屋寛徳国対委員長（衆院沖縄二区）が働き掛けた。このころ、平野官房長官の再度の沖縄入りがうわさされていた。「沖縄県にシュワブ陸上案を打診しに行くシナリオがすでにできているのではないか」と警戒したのだった。

照屋氏「場外乱闘をやっている。今、個別の案は出さないほうがいい」

山岡氏「確かに、国会審議に影響がある」

一六日の与党国対委員長会談で、二人は同調し、その足で首相官邸に赴いて平野官房長官に各党提案の延期を申し入れた。驚いたのは、国民新党国対委員長も兼務する下地氏だ。完全な不意打ちだった。恨み言を照屋氏にぶつけた。

収まらないのは北澤防衛相も同じだった。

その夜はみぞれまじりの雪が降っていた。北澤防衛相と照屋、下地両氏、それに社民党の阿部政審会長が、東京・新宿の水炊き料理屋で鍋を囲んだ。

北澤防衛相「先送りにはなりましたがね。早めに出したほうがいい、という気持ちは変わらないですよ。一つ一つの障害で物事が後ろにずれるのはよくない」

阿部政審会長「別に党内で決まってないから延期したのではないんです。現実的に沖縄の負担軽減に結び付く案を出して、それが政府案となるよう望んでいるんですから」

北澤防衛相は焦りを覚え始めていた。五月に決めるまでに沖縄と米側と協議しなければならない。沖縄との実務的な窓口は防衛省でもある。そろそろ平野官房長官が検討委委員長として引き取り、水面下の折衝に入る時期ではないか、と考えていた。

北澤防衛相は一九日、シュワブ陸上案について記者団に尋ねられ、案のメリットをとうとうと語った。

「基地の中へ移転するんだから。楚辺通信所がキャンプ・ハンセンに移った時、沖縄の皆さんからそんな大きな反対運動は起こらなかったという歴史に学ぶべきところはある」

守屋元次官の「受け売り」だった。その上で踏み込んだ。

「検討委員会でまとまったら我々も真剣に検討する」

発言は波紋を呼んだが、北澤防衛相は動じなかった。

「ホワイトビーチ沖合案」

平野官房長官が委員長を務める基地問題検討委員会は、決着期限の五月までの「時間稼ぎの場」とみられていた。平野官房長官の役割は、社民党、国民新党と議論している格好をいかにうまく作って、予算成立までをしのぐか。勝手知る国会対策の経験で十分対応できるはずだった。

ところが平野官房長官は途中から、自分が何か良い代替案を何としても作らなければ、という使命感を持ち始めた。きっかけは年明け間もないころの鳩山首相の一言だった。

「やっぱり、辺野古は嫌なんですよね」

昨年末の結論先送りは、「辺野古決着」をにらんだものというのは、鳩山首相も同じ考えでいたはずだった。しかし、年明けて、鳩山首相は本気で「辺野古」以外を探ろうとしている、と平野官房長官は察した。時間は半年もなかったが、官房長官も代替案の検討に本腰を入れようと準備を始めた。

すでに沖縄には手を打っていた。新年早々から沖縄を訪問したし、目算が外れた名護市長選後には、内閣官房に総勢一三名の「沖縄連絡室」を設置し、沖縄に「分室」を設けた。基地問題の情報とともに、地元振興策についての現地情報を収集する狙いがあった。地元自治体に「振興策陳情窓口」を設置した。

〈情報は各役所にはあがるが官邸には来ないからな〉

官邸を拠点にして約四ヵ月の身にしみた経験則だった。

自ら「私案」作りにも乗り出した。

海兵隊など米軍関係者や自衛隊、沖縄県関係者と頻繁に会って意見交換。理系出身だけに、執務室に基地関係資料を山積みにし、コンピューター利用設計システム（ＣＡＤ）を使って自ら図面を引いた。一月の沖縄訪問の際に撮影した航空写真が役に立った。

こうして練り上げられた「平野私案」は、五パターンにのぼったが、このうち、最も熱を入れたのが、「ホワイトビーチ沖合案」だった。沖縄県中部の米海軍ホワイトビーチ地区（うるま市）沖合に人工島を造り、三〇〇〇メートルの滑走路二本を建設する案。二〇〇五年の米軍再編協議の過程で浮上し、立ち消えたが、普天間代替施設だけでなく、那覇空港にある航空自衛隊や米軍の施設までまとめて移設するという、壮大な構想だった。

「沖縄県内に散らばる基地を集約し、米軍と自衛隊が共同で使用する。それが那覇空港の過密状態や国道の渋滞解消につながり、沖縄振興に資することができる」

平野官房長官はその巨大な人工島基地構想の発案者、ロバート・エルドリッジ氏から話を聞いた時、「これだ！」と興奮した。基地問題は沖縄振興の問題でもある。両方が一気に解決できるじゃないか。

エルドリッジ氏は発表当時、米太平洋海兵隊司令部客員研究員。その後、大阪大学大学院准教授を経て二〇〇九年の民主党政権誕生後、在沖縄米海兵隊外交政策部（Ｇ５）次長に就任していた。平野官房長官はエルドリッジ氏を通じて、米政府高官の感触も得た。

「あのグレグソン国防次官補も前向きだ」

グレグソン国防次官補は、第三海兵師団司令官や四軍調整官を歴任し沖縄との関係が深く、在沖縄米軍に精通している。地元の受け入れ態勢も心配はなかった。民主党の犬塚直史参院議員の紹介で、エルドリッジ氏にヒントを与えた原案の作成者、太田範雄沖縄商工会議所名誉会頭と会った。

「議会は賛成が大半、市長も基本的にＯＫ、漁協も反対していない」

太田名誉会頭は沖縄市の建設会社社会長。基地誘致による地域振興には実績があった。ホワイトビーチ地区のある与勝《よかつ》半島と海中道路でつながる平安座島《へんざじま》にある石油備蓄基地を、一九六〇年代に誘致した。地元のうるま市議会にも知り合いの誘致派市議が何人もおり、漁業者にも話して回っていた。

平野官房長官は大いに自信をつけた。

米国と地元とを独自の情報ルートで押さえたつもりでいたが、実は、グレグソン、エルドリッジ、太田の三氏は「同根」だった。

「これはベストの案ですね」

二〇〇五年八月一〇日、米国・ハワイの太平洋軍司令部。当時、太平洋海兵隊司令官だったグレグソン氏がホワイトビーチ沖合案の図面を目の前に、沖縄から遠路はるばるやって来た太田氏に感慨深げにうなってみせた。通訳を務めたのがエルドリッジ氏。「海兵隊の現場は辺野古を嫌がっている。対案が必要だ」と沖縄に足しげく通って太田氏に出会った。

小泉純一郎首相が「進まぬ辺野古移設はやめろ」と号令をかけたことから、米軍再編の一環で普天間移設計画の見直しが進められていた。エルドリッジ氏は小泉首相サイドに働き掛けを試みたが、当時、守屋防衛事務次官はシュワブ陸上案にターゲットを絞っており、まともに検討されずに終わった。

しかし太田氏は、グレグソン氏が後任の司令官に「夢の構想」を引き継いでくれた、と感謝していた。会うたびに「ネバーギブアップ」と励まされたからだ。

「今でもこの案がベストだと思っている」

二〇一〇年一月二〇日、東京都内。エルドリッジ次長は冨澤暉《ひかる》元陸上幕僚長にぽろりと本音を漏らした。冨澤元陸幕長は、一九九五年一月一七日、関西地区を襲った阪神・淡路大震災の際、陸上自衛隊トップとして、災害復旧や人道支援など陸自部隊の運用を差配。それを花道にその年の六月に退官した。

冨澤氏は七、八年前にも、当時、大阪大学大学院の准教授だったエルドリッジ氏と会ったことがあり、こんこんとホワイトビーチ沖合案を聞かされたことがあった。

「辺野古は良くない。サンゴ礁があり、ジュゴンがいる。それに大浦湾は深いので埋め立てに大量の土砂が必要だし、津波の名所だから滑走路の嵩を相当あげないといけない。(ホワイトビーチ沖合案の)勝連《かつれん》なら津波が来ないし、サンゴは全部死んでいるし、遠浅だ。勝連に大きな基地を造って自衛隊と海兵隊が一緒に使ったらいいじゃないか」

冨澤氏は二月下旬ごろ、一月に続いて再びエルドリッジ次長に尋ねてみた。
冨澤元陸幕長「日本が案を出せないとなったら、グレグソン国防次官補に言って、君の案を出してはどうかね」
エルドリッジ次長「個人としては良いと思うが、米政府としては辺野古で約束したので、辺野古がダメな理由がなければならない。（米政府は）辺野古より日米にとって戦略的にもっと良い案があるというなら聞くだろう」
「現行案がベスト」の建前は守っているものの、まんざらでもなさそうだ、と冨澤元陸幕長は感じた。やはり、海兵隊の本音は、三〇〇〇メートル級の滑走路が欲しいのだな、と直感した。

このホワイトビーチ沖合案の検討を、平野官房長官は、鳩山首相にすら秘密にして進めていた。表面化するのは三月四日、ルース大使と二日前に行った極秘会談を、朝日新聞がすっぱ抜いたことがきっかけだった。追い掛けた地元紙の沖縄タイムスが、電子号外をホームページ上に流した。

「現行計画を断念　普天間移設　政府、米に伝達　『津堅島《つけんじま》間埋め立て』浮上」

津堅島は、ホワイトビーチから沖合南方四キロにある離島だ。一九九九年にも普天間移設先として、本島との間に橋を架けてもらうことを条件にした誘致の動きが起こり、反対運動もまた燃え盛った。普天間移設受け入れの是非を巡って住民が二分される。ホワイトビーチ沖合案を地元に受け入れさせようとすることは、名護市が味わった地域分断の一三年をあえてなぞろうとする、無謀な試みだった。

「山より大きな獅子は出ないんや」

普天間移設の「私案」を練りながら、平野官房長官は周辺に口ぐせのように言っていた。だが、ホワイトビーチ沖合案は沖縄にとって、まさに「山より大きな獅子」だった。

「シュワブ陸上案はマスコミが書いているだけだ。私案だが与勝（ホワイトビーチ沖合案）が一番いい。漁協も反対していないし、首長も基本的にＯＫしている」

三月一〇日、平野官房長官は首相官邸で、シュワブ陸上案の確認を取りに行った民主党沖縄県連代表の喜納昌吉参院議員に力説した。

「ホワイトビーチ沖合案なんて、まさか本気でやるつもりじゃないだろう」と思っていた喜納議員は驚き、口止めされたにもかかわらず官房長官の発言の詳細をマスコミに暴露した。以後、沖縄では県内移設反対の気運がますます高まり、平野官房長官自ら「反対していない」と言い切った漁協の幹部が動き出した。

地元勝連漁協の赤嶺博之組合長は「大反対だ」と、地元メディアにコメントし、これを見た太田名誉会頭が、電話してきた。

「ぜひ組合長とお会いして、じっくり話したいことがある」

赤嶺組合長は、「なぜ勝連沖なんですか」と、あいさつも抜きにいきなりかみついた。

太田名誉会頭「うるま市の活性化のために提案しました」

赤嶺組合長「市の活性化じゃなく、皆さん方に利益が出るからでしょう」

赤嶺組合長はかつて反対運動が燃え盛った津堅島の出身。誘致する側の理屈もよく分かっていた。「あの時も漁協で賛成する組合員はいた」。しかし、赤嶺組合長は確信していた。

「賛成の理由は補償金欲しさだ。でも仮に四〇〇〇万、五〇〇〇万円もらったところで、一〇年で使い切る。そんな一時金のために海を売り渡すのなら、漁業は未来永劫なくなる。そんなことは漁業者としてできるわけがない」

太田名誉会頭が言った「市の活性化」という言葉にもひっかかった。

「まかり間違って有事になれば、ここは一番に攻撃される。ホワイトビーチ、普天間代替施設、石油備蓄基地。活性化どころか、戦火の矛先をうるま市に自ら向けさせる話になる」

ついには反対していなかったはずのうるま市議会も、ホワイトビーチ沖合案に反対する意見書を全会一致で可決。平野官房長官への包囲網はじわりじわりと狭まりつつあった。

平野官房長官は、米国からもせっつかれていた。鳩山首相が「辺野古に代わる施設」の検討を委ねた経緯から、ルース大使は再三、面会要請していたが、応じようとしなかった。しかし、業を煮やしたルース大使が北澤防衛相を仲介役に立て、ようやく会談は実現した。

三月二日、東京都内のフランス料理店。会談には北澤防衛相とレイモンド・グリーン在沖縄米総領事が同席した。

「普天間はその後、どうなっていますか。そろそろはっきりさせてもらいたいのですが」

ルース大使は迫ったが、平野官房長官は本音をまったく話そうとしなかった。流れる険悪なムード。しびれを切らしたルース大使はせっついた。

「外へ漏らさないから、具体名を言ってください。私を信じて（トラスト・ミー）」

ルース大使との会談は、鳩山首相に内証だった。ホワイトビーチ沖合案を「本命」と考えていることなど言えるわけがなかった。苦し紛れに切り返した。

「五月末までに決めるので、トラスト・ミー」

ルース大使は失望した。分かったのは、年末に結論を先送りした時点では「五月の結論は辺野古」と約束したはずなのに、今の鳩山政権は「辺野古以外」を求めてさまよっているらしい、ということだった。

「現行計画がベストだ」とルース大使は念押しするしかなかった。

「平野・ルース会談」を巡り、鳩山政権内では「今後の交渉ルートは平野・ルースだ」「外務省・国務省ルートは使わないということだろう」などと憶測が流れた。しかし、ルース大使は平野官房長官に二度と会おうとはしなかった。

平野官房長官は、ホワイトハウスに直結するルース大使のルートを自ら袖にし、ジェームズ・ジョーンズ大統領補佐官に辿り着く遥か前に、「官邸主導外交」はあっけなくついえた。

「徳之島案」

〈徳之島でいけるんじゃないかなあ……〉

　鳩山首相はこう思いながら、北澤防衛相や平野官房長官の作業を見守っていた。

　鹿児島県・徳之島。まだマスコミが普天間問題でそれほど騒いでいなかった二〇〇九年一〇月、側近の牧野聖修民主党衆院議員（静岡一区）が持ち込んできた「県外の移設先」だ。沖縄本島から北東に約二〇〇キロ。ジェット機が就航する二〇〇〇メートルの滑走路を持つ徳之島空港がある。

　牧野議員は、個別に徳之島三町長と会った感触から、政府から話があれば三町長は考えてみてもいいというニュアンスだ、と受け止めていた。官邸サイドでは鳩山首相の側近、松野頼久官房副長官が内々に報告を受けていた。

「ここには、普天間丸々移せる土地がありますよ！」

　鳩山首相は、牧野議員が徳之島から直接かけてきた電話が強く印象に残っていた。

　名護市長選翌日の二〇一〇年一月二五日。牧野議員にとっては三度目の徳之島訪問だったが、今までと大きく違ったのは、鳩山首相の腹心である須川清司内閣官房専門調査員が同行していたことだった。町長側も初めて、天城、徳之島、伊仙の三町長がそろって出迎えた。極秘の会談だった。

「埋め立てはしません。陸上部に一八〇〇メートルの滑走路を造りたい。上京して、官房長官と会っていただけませんか」

平野官房長官と会ってほしい、と牧野議員は三度、繰り返した。このころ、官邸のとりまとめは、平野官房長官に一本化されていた。

「そんなの、不可能な話ですよ。アメリカとの合意を反故にすることは、国益を損なうんじゃありませんか?」

牧野議員に反論した伊仙町の大久保明町長は、疑心暗鬼だった。前年暮れに来た時には、鳩山首相の意向を受けて来ているのかどうか怪しかった。滑走路の長さも「三〇〇〇メートル」と言っていた。今回は首相側近の須川氏を同行させている。本気だろうか。

〈しかし、これでのこのこ東京に出ていこうものなら、振興策をぶら下げてくることは間違いない〉

三町長は、後で話し合いをして連絡します、と一応その場は態度を保留した。

ところが二日後、朝日新聞がこの会談を報道し、大騒ぎになった。天城町の大久幸助町長があわてて牧野議員に電話を入れ、正式に断った。

報道の真偽を首相官邸での記者会見でただされた平野官房長官は、全否定した。

記者「民主党議員から報告は」

平野官房長官「ございません」

記者「長官から指示されたことも？」

平野官房長官「ございません。どなたが行かれたのかも承知しておりません」

平野官房長官は内心、不愉快だった。「徳之島案」の存在は知らないわけではなかった。現に沖縄訪問で上空視察もしていた。ただ、牧野議員から報告を受けた松野官房副長官からは、詳細を聞いていなかった。

「牧野先生から話はうかがっている。ただ、まだ正式に政府として検討するところまでいっていない」

松野官房副長官は、平野官房長官の代理で行った記者会見であっさりと認めた。政府として汗をかいている姿を見せることが大事なのではないか、と考えていたからだった。

「官房長官と徳之島の町長が、非公式に会えないですかね」

そう牧野議員に持ち掛けたのも、松野官房副長官だった。平野官房長官が、動くな、と言って自分ひとりで抱え込んでいることへの不満もあった。

行き違いの末、「徳之島案」は、その後しばらくさたやみとなった。

「シュワブ陸上＋徳之島」案

平野官房長官は、肝いりのホワイトビーチ沖合案で売り込もうと考える一方、北澤防衛相の「腹案」のシュワブ陸上案と、鳩山首相がこだわる徳之島案をどう進めていくか、という点にも気を配った。

北澤防衛相は、二月中旬にシュワブ陸上案が報道で表面化した際、動揺しなかった。「何もおれだけが独走しているわけではない」。そのころ平野官房長官も、独自のシュワブ陸上案を検討していることを情報としてつかんでいたからだ。

ただ、平野官房長官が描いていたシュワブ陸上案は、北澤防衛相のそれとは大きく異なる内容だった。それは滑走路の長さだった。北澤防衛相が考えていたのは、守屋元次官が検討していた一五〇〇メートル級の滑走路をシュワブの演習場内などに建設する案。これに対して平野官房長官の案は、現行計画のV字形滑走路のうち、海にはみ出す部分を除いて陸上部だけで五五〇メートルを確保する、という大幅縮小案だった。

「滑走路五五〇メートル」のシュワブ陸上案が報道されるに至って、新たな難題が浮上した。自公政権時代には「タブー」とされていた、垂直離着陸機MV22オスプレイの存在に焦点が当たることになったからだ。

それまで日米両政府とも伏せてきたが、米政府はオスプレイを二〇一二年一〇月から二四機、沖縄に随時導入する方針だった。これは三月一日、長島昭久防衛政務官が東京都内の会合で明言し、表面化することになる。

オスプレイはヘリコプターのようにプロペラを上にして飛ぶことも、プロペラを前に向け飛行機のように飛ぶこともできる米海兵隊の次期主力機。開発段階で事故が相次ぎ本格的な導入が遅れた経緯がある。

垂直離着陸できるため、通常の単発の離着陸の場合、滑走路は五〇〇メートル程度あればいい。しかし、編隊訓練や最大積載量での離発着には最大滑走路長として約一五〇〇メートル必要とされている。前原誠司沖縄・北方担当相は二月二六日の記者会見で、米軍情報をもとに、「オスプレイの滑走路は一二〇〇～一五〇〇メートルくらいは要る」と指摘し、この情報を追認した。

滑走路五五〇メートルの「平野私案」では、この条件に適わない。これを解消するには、代わりにオスプレイを運用できる飛行場が必要になる。それが、シュワブから約一七〇キロ離れた鹿児島県・徳之島だった。平野官房長官としては、「本命」はあくまでホワイトビーチ沖合案であり、徳之島は平野官房長官が「私案」とする五パターンのうちの一つ、という位置付けだった。なにより、「海兵隊の一体運用などまったく考慮しない机上の空論」（官邸関係者）であり、北澤案と鳩山案をつじつま合わせで合体した案に過ぎなかった。

しかし、政府内で滑走路が一五〇〇メートルと五五〇メートルの二パターンのシュワブ陸上案が検討され、さらにその一つは、徳之島案とセットになっている。この複雑な組み合わせを理解している政府高官は多くはなかった。防衛省の事務方も、滑走路五五〇メートルのシュワブ陸上案は初耳だった。ただ、徳之島が普天間丸ごと移設先とはなり得ないが、オスプレイの分散移転は考えられる、という反応だった。

だが、何よりも問題は地元対策だった。

鳩山首相が静観している間に、島内では「移設反対」の声がどんどん高まっていた。徳之島出身の有力者である徳田虎雄元衆院議員の次男、徳田毅衆院議員が大きな影響を与えていた。普天間問題を巡る迷走で鳩山内閣の支持率が下がり続ける中で、徳田議員が野党・自民党の議員として、島内世論を意のままに動かせる、ということが問題だった。

三月一日、徳田議員は衆院予算委員会分科会で質問に立った。表向き、徳之島案は、同じ鹿児島県の馬毛島《まげしま》など、他にもいろいろ考えられる訓練移転先の一つとして浮上している程度だった。

徳田議員「普天間基地移設の候補地として、徳之島があがっているのか。シュワブ陸上案に付随して米海兵隊の訓練先として検討されているという報道もあるが」

平野官房長官「先生には大変申しわけないが、いろいろ発信すると尾ひれ羽ひれがついていろいろな憶測を生む。時期が来ればご協力を要請する」

徳田議員は約三〇分間にわたって、熱弁を振るった。多くの島民は長寿、子宝の島に基地は必要ないと反対しているが、一部振興策を当てにする賛成論もあり、摩擦、対立が起きている。報道ばかりで判断材料がなく、島は混乱している。振興策を期待する背景には厳しい経済状況がある。奄美振興開発予算は民主党が衆院選で軽減しないと約束したにもかかわらず、大幅減額された。それなのに今度は振興策をぶら下げて基地を持ってきていいか、とは。島民は憤慨している――。

平野官房長官は言を左右にして何も答えなかったが、徳田議員としては政府を追及する姿勢を見せることに意味があった。最後に、徳之島三町長から預かってきた「普天間基地移設反対の要望書」を平野官房長官に手渡し、こう締めくくった。

「この地元の意向というものをどうか十分に尊重していただくことをお願いしたい」

平野官房長官は予算委分科会が終わった途端、徳之島関係者に電話して怒鳴った。

「君ら、言っていることと違うやないか。君らの真意は何や！」

電話の向こうで、事情を説明したい、などと釈明する声が聞こえたが、平野官房長官はみなまで聞かなかった。牧野議員から松野官房副長官を通じて報告を受けた徳之島の三町長の感触は、前向きだった。ところが、委員会質疑では、徳之島に影響力を持つ徳田議員にやり込められ、三町長から預かったという反対要望書を突きつけられた。

〈やっぱり、ホワイトビーチ沖合案しかない〉

しかし、平野官房長官はそのころ、鳩山首相の本心を知らずにいた。「総理に話すとすぐ外に漏れてしまう」と考え、しょっちゅう顔を合わせていながら、普天間については、ほとんど何も話していなかった。

鳩山首相は首相で「平野君に任せているから、あまり詮索するのも……」と気を遣い、尋ねることはしなかった。

「ここまで『県外』と言ってきたのだから、徳之島しかないんじゃないですか」と問い掛けた親しい議員に、鳩山首相はぽつりと漏らした。

「そうだなあ。だけど、平野君にはまだちゃんと言ってないんだよ」

「小鳩」の溝、かすむ社民党

民主党の小沢幹事長は、普天間問題を巡る政府の迷走を、苦々しく眺めていた。

「沖縄の米軍基地問題は、対等な日米同盟の象徴」

野党・民主党の代表時代からそう訴え、足場のなかった沖縄で二〇〇八年県議選での躍進以降、少しずつ県内の支持基盤を広げてきた。普天間問題はその文脈の中で大きな存在を占めた。民主党の主張は「沖縄ビジョン」に盛り込んだ「国外・県外」。昨夏の衆院選で初めて沖縄選挙区の国会議員二人を誕生させることができたのも、そのおかげだった。

「選挙の小沢」の目には、沖縄こそ「自公政権の牙城」と映っていた。普天間問題の長年の膠着は、自公政権の失敗にほかならず、だからこそ沖縄県民も民主党に期待して投票した、と考えていた。

初めて「県内移設反対」派の稲嶺進市長が誕生し、政府側にとって「衝撃」となった名護市長選の三日後に小沢幹事長は、県連代表の喜納参院議員の参院選応援のため沖縄を訪れた。

「辺野古に基地を絶対に造らないでください」と求めた稲嶺新市長に「名護市民、沖縄県民の思いはしっかり受け止めさせていただく」と応じ、喜納議員のパーティーで「夏の参院選が旧体制との最終戦。ここで本当に民主党を中心とした政権の基盤を作る」と訴えた。名護市長選での「勝利」を「参院選勝利に向けた一里塚」ととらえていたのだった。

米国も、迷走する鳩山政権の「最後の頼みの綱は小沢幹事長」とみて、その動向に注目していた。

「私は政府の人ではないので、政策の話はしません。その他の話なら何でもどうぞ」

二月二日、国会内の民主党幹事長室。小沢幹事長はキャンベル米国務次官補と向かい合った。「表敬訪問をしたい」との求めに応じたもので、ルース大使も同席し、小一時間行われた。

キャンベル国務次官補「民主党として、五月の大型連休に訪米団を送ってほしい」

小沢幹事長「それは、正式の要請ですか？」

キャンベル国務次官補「正式の要請です」

小沢幹事長「せっかく行くとすれば、オバマ大統領にもお会いできる時間を十分とっていただかないと困ります」

小沢幹事長の狙いは「大統領との直談判」にあった。周辺が明かす。

「小沢さんは訪米して解決するつもりだった。自分で決着をつける、と言っていた。湾岸戦争の時もそうだった」

「辺野古埋め立て」以外の代替移設案を作り、移転にかかる費用で日本政府が配慮を見せる、というシナリオのように周辺には映った。

しかし、訪米話は結局うやむやになっていく。米側は、小沢幹事長が「大統領との会談」を条件にしたことに反発。小沢幹事長も、平野官房長官から「外交は一元化ですよ」とクギを刺され、「二元外交批判」を気にして積極的にはアプローチしなかった。

「米国は理解できない。『来てくれ』と言っておいてそれっきり。招待状も持ってこない」

小沢幹事長は三月一一日、国会内で会った中国の唐家璇前国務委員にこぼした。

しかし、このころ、小沢幹事長の政治的影響力も大きくそがれつつあった。政治とカネの問題だ。

小沢幹事長の資金管理団体「陸山会」の土地購入を巡る事件で、政治資金規正法違反（虚偽記載）容疑で元私設秘書の石川知裕民主党衆院議員（北海道一一区）が逮捕されたのが一月一五日。「検察との全面対決」を打ち出した小沢幹事長に、鳩山首相は「どうぞ戦ってください」とエールを送り、党内では「小鳩体制」への懸念が高まった。

「小沢さんは党と内閣を巻き込もうとしているのでは」「みんなでユキさん（鳩山首相）を守ろう」

一月一六日夜、東京都内の日本料理店に集まった、小沢幹事長と距離を置く有力議員の会合で、出席者からそんな声が相次いだ。顔をそろえたのは岡田克也外相、仙谷由人国家戦略・行政刷新担当相、枝野幸男元政調会長ら。彼らは民主党内では「七奉行」と呼ばれていた。鳩山首相が小沢幹事長を擁護しているとの印象が広まったことに「立件されれば首相と幹事長の共倒れ」と危機感を募らせ、対応策を練った。狙いは「小鳩分断」。出席者の一人は会合後、鳩山首相にこう進言したという。

「小沢さんとの関係については、慎重に発言されたほうがいいですよ」

この会合には出席しなかった「七奉行」の一人、前原沖縄担当相も翌一七日、「潔白だとおっしゃるのであれば、小沢幹事長が検察の事情聴取に応じられて、自らの説明責任を果たされることだ」と記者団に発言した。

東京地検は捜査の結果、小沢幹事長を不起訴処分とし、鳩山首相は、小沢幹事長続投を確認する一方、小沢幹事長の仇敵・枝野氏を行政刷新担当相に起用することを決めた。「鳩山首相＝政府、小沢幹事長＝党」の棲み分けで始まった「小鳩体制」に生じたきしみは次第に拡大し、参院選マニフェストや政調復活の是非を巡る党内路線対立に発展していった。

こうした民主党内の「空気」の変化をひしひしと感じていたのが社民党だった。

「小沢さんを中心にした民主党が安定していればこそ、我が党の主張も取り入れられているんですぞ」

重野安正幹事長は、党内の会合で演説をぶった。重野幹事長はこう考えていた。

〈うちの主張が曲がりなりにも通ってきたのは、鳩山・小沢体制だからだ〉

「きれいな海を埋め立ててはダメだ」「（沖縄県内の離島）下地島はどうか」という小沢幹事長

の発言が社民党を支えていた。普天間飛行場の国外・県外移設を求める社民党の主張と完全に一致はしない。それでも政府内の「辺野古決着」圧力をはねのけるには十分、というわけだった。

シュワブ陸上案が「国民新党の提案」として浮上して以来、社民党の形勢不利は明白だった。危機感に見舞われた福島党首は、平野官房長官を夕食に誘った。

二月二五日夜、東京・紀尾井町のしゃぶしゃぶ・日本料理店「紀尾井町　吉祥」での二人だけの会談は、二時間以上に及んだ。

福島党首「今の内閣は国外、県外についてしっかり検討した形跡がないじゃないですか」

平野官房長官「いや、それは、検討していますよ」

福島党首「鳩山首相が『国外、県外』と言い、沖縄県議会も全会一致で決議した。県民の思いを大事にすべきです」

平野官房長官「ご意見として承りました。ゼロベースです。ただ、期限は五月末ですよ。政権にかかわることですから」

平行線だった。別れ際、福島党首が一冊の本を差し出した。出版されたばかりの単行本『沖縄の海兵隊はグアムへ行く──米軍のグアム統合計画』（高文研刊、吉田健正著）だった。

〈これを持って店を出たら、番記者にどう思われるか分からへん〉

平野官房長官は受け取らなかった。「鳩山さんは受け取ってくれたのに」。福島党首は不満だった。しかし、福島党首の思いとは裏腹に、社民党は連立をいかに維持していくか、という難題にも直面していた。

社民党は三月八日、沖縄基地問題検討委員会にグアム移転など国外移設を正式に提案したが、委員長の平野官房長官が提案をまともに取り上げることはその後一度もなかった。党としても、「国外・県外」の主張を過度に突き詰めれば、連立維持は難しくなる。基地問題検討委のメンバーである阿部政審会長は連立重視の立場。県連からの反発を避けるため、私案としてまとめた県外移設先を公表せず、封書に入れて平野官房長官に渡す慎重さだった。

正式提案した国外移設にしても、基地問題検討委での議論は深まらなかった。グアム移転を本当に追求するのであれば、鳩山首相が二〇〇九年末に「国外断念」の理由に挙げた「抑止力」を巡る議論は欠かせないはずだった。社民党は、平野官房長官に提出した資料で「在沖縄海兵隊部隊の体制や機能から考え、必要不可欠な『抑止力』とは言えない」と明記した。しかしその日が最後となった委員会会合で、政府、社民の双方が深入りすることはなかった。

折りしも、社民党にとって追い風とも言える寄稿論文が朝日新聞に掲載されていた。防衛省OBの柳澤協二前官房副長官補が「海兵隊の抑止力を検証せよ」と提言した。柳澤氏は二〇〇四年から一連の米軍再編を官邸の内側にいて注視していた安全保障の専門家だ。柳澤前官房副長官補の考えはこうだった。

「抑止力についての共通認識がないから、普天間問題は時間がかかっている。海兵隊は緊急派遣部隊だ。地域の抑止力を保つために沖縄でなければならないという説得力のある説明がこれまでなされてこなかった」

後に毎日新聞にも同じ意見を述べている。

しかし、社民党は「抑止力論議」の好機を見過ごした。阿部政審会長は「抑止力論議は不十分だったと認めざるを得ない」とした上で、理由についてこう語った。

「時間があまりにも少ない。（五月末の決着期限は）先送りできない」

検討されなかった国外・県外

「普天間の代替がグアムなのは分かりましたが、川内さんの考えでは、辺野古の代替はどう考えることになりますか？」

鳩山首相は二〇一〇年三月六日夕、首相公邸を訪れた川内博史衆院議員（鹿児島一区）に問い掛けた。川内議員は鳩山首相を支持する党内グループ「政権公約を実現する会」に所属。民主、社民などの議員有志で作る「沖縄等米軍基地問題議員懇談会」（沖縄議懇）の主要メンバーで、鳩山首相が二〇〇五年の発足以来務めてきた会長職を引き継いだばかりだった。

普天間の代替がグアム、とは、普天間飛行場を抱える宜野湾市の伊波洋一市長が三ヵ月ほど前、鳩山首相に直訴してきた内容と同じだった。川内議員は、二〇〇九年一一月に米海軍が公表した、「沖縄からグアム、および北マリアナ・テニアンへの海兵隊移転の環境影響評価／海外環境影響評価書ドラフト」の記述を基に疑問をぶつけた。

「沖縄からグアムに航空戦闘部隊が約二〇〇〇人移動すると書かれてありますが、在沖縄海兵隊の航空戦闘部隊というと普天間以外にはありません。普天間の部隊がグアムに移るということではないでしょうか」

　確信があった。一ヵ月ほど前、沖縄議懇の活動の一環で普天間飛行場を視察し、在沖縄海兵隊普天間航空基地司令官のデール・スミス大佐と懇談した時のことだ。

川内議員「今はヘリコプターが一機もいませんね。どうしたんですか」

スミス司令官「アフガニスタンとイラクに行っています」

川内議員「グアムに移ることになるヘリ部隊はどこから行くのですか」

スミス司令官「アフガニスタンとイラクからです」

〈普天間のヘリ部隊がグアムに行くのなら、辺野古に代替施設を造る必要はないじゃないか〉

　外務、防衛両省に問い合わせた。米側に照会した結果としてこんな回答が返ってきた。

「普天間のヘリ部隊ではなく、岩国の部隊がグアムに移転する」

　ウソだ、と川内議員は思った。認めてしまうと辺野古に代替施設が必要な理由がなくなるからに違いない。

「普天間移設を進めるのと海兵隊グアム移転はパッケージ」

　二〇〇六年の日米合意以来、「呪文」のように唱えられてきた「パッケージ論」。二〇〇九年一一月の日米首脳会談でオバマ大統領が「海兵隊の八〇〇〇人をどうするか」と言ったのも、普天間移設が遅れればグアム移転も進まない、ということだった。

しかし実際には、海兵隊グアム移転計画は着々と進められている、と伊波市長は、〇六年以降、米側の資料や現地視察に基づいて訴えてきた。沖縄議懇は政権交代以来二度にわたって伊波市長を講師に呼んで勉強会を開催。伊波市長も鳩山首相への「アポなし直談判」以降、平野官房長官や岡田外相に同様の訴えを続けていた。伊波市長の主張はこうだ。

在沖縄海兵隊は米国の同盟国である日本、韓国、タイ、オーストラリア、フィリピンを中心に定期的に合同演習を行うのが主な任務。訓練以外にもイラク、アフガニスタンでの戦闘行動に駆り出され、半年は留守だ。米海軍が公表した在沖縄海兵隊グアム移転計画に関する環境影響評価は、この訓練拠点としての役割が沖縄からグアムに移ることを明記している。米側は移転部隊の内訳や要員数など詳細を明かさないためはっきりしないが、「部隊の一体性を維持するような形で」としていることから、普天間のヘリ部隊も含めてほとんどがグアムに移る計画ではないか。それならば辺野古に代替施設を造る必要はない――。

しかし、政府側の反応は極めて鈍かった。伊波市長には「特に防衛、外務両省に、米軍戦略を正確に理解して沖縄の基地問題を解決しようという姿勢が足りない。日本の国益のために海兵隊を引き留めたいと考えているのか」とさえ思われた。

伊波市長は毎日新聞のインタビューに答え、こう指摘した。

「何が一番沖縄の基地のメリットかというと、抑止力などではなく、日本から米国に対する財政的支援だ。米側の資料や議会での陳述などを見ると、財政的支援の仕組みとして沖縄駐留を持続させる重要性を盛んに強調している。拠点はグアムに移ったとしても、休む場所として沖縄を確保しておきたいということなのだろうか」

川内議員は、こうした伊波市長の問題意識を長年の交流を通して共有していた。しかし、沖縄議懇の「同志」だったはずの鳩山首相が「国外」に踏み切れないことにもどかしさを感じていた。

北澤防衛相は「県内」のシュワブ陸上案、平野官房長官はホワイトビーチ沖合案を「辺野古の代替」として考えた。鳩山首相は「県外」の徳之島を描いたが、全面移設ではなく、沖縄の負担軽減のための一部移転策だった。

一方、沖縄では、県議会の「国外、県外」を求める全会一致の決議が、仲井眞知事のスタンスを従来の「条件付き県内移設容認」から「国外、県外」へと押しやりつつあった。

「国外、県外に対する沖縄県民の期待は非常に強いです。ちゃんと検討していただいていますか」

仲井眞知事は三月一〇日、首相官邸を訪れ、平野官房長官に尋ねた。

平野官房長官はのらりくらりとかわした。

「検討していますよ。アイデアがいっぱいあるので精査します。いろんなケースがありますから」

実際にあった案は、社民党が提案したグアム移転などの「国外」と、海上自衛隊大村航空基地（長崎県大村市）など約一〇ヵ所の候補地を挙げた「県外」移設案だったが、どれも首相官邸は「本格的な案」として検討することを見送っていた。鳩山首相の徳之島ですら、平野官房長官は「もうつぶれた」と頭の隅に追いやっていた。

平野官房長官の真意を探ろうとした仲井眞知事の狙いは、見事に外れた。浮上する案は、すべて報道ベースで、どの案をどの程度本気で検討しているかは、依然、霧の中だ。

仲井眞知事は自民党政権時代、「頭越しの決定」を、現行計画を容認できない理由にしてきた。今の状態で「県内移設で決める」と政府が言えば、「頭越し」以外のなにものでもない。その前に「県内移設容認」に転じられる理由を、政府に用意してほしかった。

「いよいよ僕も県民大会へ出なきゃいけないかなあ」

仲井眞知事はこのころを境に、「苦手だ」と言っていた県民大会に出席する可能性に言及するようになった。しかし、首相官邸内では「知事は県民大会には出ない」との見方が大勢だった。

「崩壊」の始まり

「もし本当に総理が、辺野古が嫌だということであれば、これしかありませんよ」

三月二〇日夕、平野官房長官は番記者に気付かれないよう首相公邸に裏手から入り、鳩山首相にホワイトビーチ沖合案を説明した。雄弁だった。

米国は海兵隊がOKだから、国務省も国防総省もOKするはずです。環境影響評価は新たにやらなくてはいけないが、三年で済みます。地元は受け入れます。財界の有力者や市長、市議も大半はおさえました。自衛隊との共同使用で那覇空港の第二滑走路を空ければ、地域振興にもつながります——。

説明と議論は二時間にわたったが、鳩山首相の結論は決まっていた。

「非常に良い案ですね。しかし、埋め立ては良くない。やめましょう」

鳩山首相は「埋め立て」への拒否反応を強く示した。この直後、憔悴しきった平野官房長官の姿を、官邸関係者は目撃していた。

平野官房長官と会談する前、鳩山首相は軍事アナリストの小川和久氏と会っていた。

鳩山首相「県外と言ってきた以上、沖縄県外を実現したいという思いは今でもあります」

小川氏「海兵隊の立場で言うと『ノー』です」

ただ、と言って、小川氏が説明した構想は、海兵隊の一体運用を考えて沖縄県内に仮の移設先を確保し、速やかに普天間の危険除去を行い、本格的な移設先が完成するまでは普天間を緊急時に限って使用する、というものだった。

普天間をそっくり県外に移設するのは困難という見方だ。それでも、小川氏の説明から、首相は将来的な完全移転につなげる策で局面打開を図ろうとした。「県内」に恒常的な基地を新設するのではなく、「県外」へとシフト可能な案を——。

平野官房長官のホワイトビーチ沖合案がつぶれ、鳩山首相が政府としての「決定版」作りを頼んだ相手は、北澤防衛相だった。

平野官房長官との会談から二日後の二二日、神奈川県横須賀市にある防衛大学校の卒業式で同席した北澤防衛相に声をかけた。

「普天間を沖縄県外に丸ごと移すのが難しいことは分かりました。でも、できるだけ県外へ出したいのです。考えてみてくれませんか」

北澤防衛相の「腹案」である滑走路一五〇〇メートルのシュワブ陸上案は、それだけで完結するもので、県外への一部移設は想定になかった。防衛省が検討した案だけあって海兵隊の一体運用を考慮したものだったが、鳩山首相の要請は、「徳之島」を移設案に組み入れることを前提としていた。

ベースになるのは、同じシュワブ陸上案でも、防衛省案ではなく、ホワイトビーチ沖合案を拒否された平野官房長官が手持ちにしていた「滑走路五五〇メートル」案だった。これに徳之島をオスプレイの運用基地として使用する構想だ。小川氏が指摘する「海兵隊の一体運用」に反していた。

米軍が「うん」と言うだろうか。北澤防衛相は鳩山首相の要請を受け止めながらも、難関は米側の反応だった。

三月二三日夜、今年初めての普天間問題に関する関係閣僚会議が首相官邸で開かれた。一月の日米外相会談以来、平野官房長官が取り仕切ることになった沖縄基地問題検討委員会の議論をひたすら傍観していた岡田外相が開催を求めた。背後には、結論を急かす米国の意向がにじんでいる、とみる政府関係者は少なくなかった。

首相、官房長官、外相、防衛相に前原沖縄担当相を加えた五人。鳩山首相は米側、沖縄など地元側と交渉に臨むため三月中に政府案をまとめる意向で、ギリギリのタイミングでもあった。しかし会議が開かれなかったおよそ四ヵ月の間、各々の間の距離は一層広がっていた。

平野官房長官が、これまでの検討の結果として、ホワイトビーチ沖合案、シュワブ陸上案、徳之島移設案を説明した。しかし、ホワイトビーチ沖合案は鳩山首相の意向で事実上つぶれ、シュワブ陸上案と徳之島案は「青写真」があるだけで、その具体化は鳩山首相が北澤防衛相に指示したばかりだった。

〈これでは交渉にはならない〉

ワシントンでのゲーツ米国防長官との会談が間近に控えていた岡田外相は、愕然とした。「政府案」と言えるような確定的なものは一つもなく、米側には「現在の検討状況」として説明するしかなかった。

二六日、岡田外相がルース大使に、北澤防衛相が沖縄を訪問し仲井眞知事に、政府案の検討状況を説明した。

日本政府として絞り込んでいるわけでも、煮詰まっているわけでもない代替案だったが、ルース大使は会談後、異例の声明を発表した。

「米国政府はこれを慎重に検討する。日米両政府はパートナーシップの精神に基づき、同盟国として引き続き協力しながら問題の解決を図る」

普天間問題を巡り、日米関係がぎくしゃくしていないことを糊塗するためだった。

ルース大使は前日極秘に会談した長島昭久防衛政務官に、こう漏らしていた。

「自分たちは鳩山政権を応援している。鳩山政権が倒れることは望んでいない」

一方の沖縄県側は、キツネにつままれた気持ちだった。

「米側、沖縄側との協議は本日をもってスタートだ」と報道陣の前で胸を張った北澤防衛相。非公開の協議に入ると、普天間機能の分散移転を優先させる考えを示したが、政府として固まった案という位置付けではなかった。

「協議以前の星雲状態」と、仲井眞知事は首をかしげざるを得なかった。

岡田外相は、ワシントンに飛んだ。二九日、国防総省でゲーツ長官に政府案の検討状況を直接説明したが、すでに外交ルートで報告を受けていたゲーツ長官は、「現行計画がベストだ」と繰り返した上で、こうクギを刺した。

「運用上実行可能で、政治的に持続可能な案でなければ」

ホワイトビーチ沖合案、シュワブ陸上案、徳之島案のいずれも米側の運用上の要求を満たしていない、と判断した結論だった。会談内容を説明したモレル報道官は「提案というには足りない」と突き放した。米国はいずれも「真剣な案」とは受け止めなかった。ゲーツ長官の条件に見合うのは、「現行計画」しかなかった。

ゲーツ長官が日本側の三案を一蹴したのと同じ日、民主党の小沢幹事長は、社民党の又市征治副党首から「どうすんですか？　五月末で決まらなかったらウソツキ内閣になっちゃうぞ」と水を向けられて、あっさり答えた。

「その時は、倒れるだろう」

小沢幹事長は初めて「鳩山内閣崩壊」を口にした。

第六章　辺野古回帰への「決断」

「徳之島で頑張りたい」

「くどいようですが、腹案は既に用意しているところであります」

二〇一〇年三月三一日の党首討論。鳩山由紀夫首相は自民党の谷垣禎一総裁に普天間問題についてただされ、「腹案」という言葉を六回も繰り返した。

谷垣総裁は矢継ぎ早に質問を繰り出した。「三月末までに政府案を一本化する」と言ったがどうなったか。移設先は県内か、県外か、国外か。「腹案」に対して現地の了解は取り付けるのか……。「一三年かかって辺野古の海に杭一つ打てなかったじゃないですか」とかわそうとする鳩山首相を、谷垣総裁は追い込んだ。

「抑止力の維持、沖縄の負担軽減、普天間の危険除去、達成のための国民負担。この四つの要件を総合してみて、総理の『腹案』は現行案よりはるかに優れていると自信を持っておっしゃれるでしょうか」

鳩山首相は「当然だ」と言わんばかりに切り返した。

「沖縄の負担軽減、抑止力の問題も含めて、今私が腹案として持っているものは現行案と少なくとも同等か、あるいはそれ以上に効果のある、すなわちお認めをいただける案だと自信を持っているところでございます」

「辞めろ！」という野党席のヤジと与党席の拍手が交錯する中、北澤俊美防衛相は、身ぶり手ぶりをまじえて懸命に説明する鳩山首相を、左後ろの席ではらはらしながら見守っていた。

〈問題は米国に受け入れてもらえるかどうかだ〉

北澤防衛相は四日前、「腹案」の核心を地元長野市で講演した時に明かしていた。「普天間に六〇機あるヘリコプターの配置を二ヵ所ぐらいに換える」。鳩山首相のもともとの「腹案」である鹿児島県・徳之島に普天間のヘリ部隊の半分以上を移転し、残りを沖縄県内に移転する、という構想だ。

平野博文官房長官が「海兵隊の一体運用」を考慮に入れずに作った「机上の空論」が原型で、先の岡田克也外相とロバート・ゲーツ米国防長官との会談で「提案に値せず」と却下されていた。キャンプ・シュワブ陸上部（沖縄県名護市辺野古）にヘリパッド（ヘリコプター離着陸帯）を造るシュワブ陸上案とセットで、垂直離着陸機MV22オスプレイの運用先と想定していた徳之島を無理矢理、移転先とする内容だった。

米側は「海兵隊の一体運用」に関して、既に非公式折衝で「陸上部隊とヘリ部隊との距離は六五カイリ（約一二〇キロ）以内」との考えを示していた。徳之島の既存の民間空港を使う場合、シュワブとの間は約一七〇キロある。明らかに「無理筋」だった。

あえて、こうした案を持ち出したのも、普天間飛行場の移設先として徳之島に固執する鳩山首相の指示を受けてのことだった。

「徳之島で頑張りたいと思っています」

四月八日、最初に「徳之島案」を持ち込んできた側近の牧野聖修民主党衆院議員に対して鳩山首相は切々と訴えた。

牧野議員は一月以降表立った動きを控えていたが、誘致派からの接触は続いていた。前日には徳之島空港を抱える天城町の前田英忠元町議会議長から「政府が応えてくれれば誘致に動く」と電話で「移設受け入れ六条件」を持ち掛けられていた。徳之島三町の借金計約二五〇億円棒引きや、奄美群島の航路・航空運賃、燃料価格を沖縄並みに引き下げることを求める内容だった。

鳩山首相に話を持ち掛けてから五ヵ月余り。進展具合を確認しようと牧野議員が面会を求めても、首相はずっとなしのつぶてだった。この日も松野頼久官房副長官との面会名目で官邸入りし、鳩山首相の執務室には極秘に通された。しびれを切らした牧野氏は迫った。

「五月末まで時間がないが、何も動いてないじゃないですか。一体どうするつもりですか。徳之島で頑張るというのであれば、精一杯やれることをやるべきです。動くべきですよ」

「おっしゃる通りです」とうなずく鳩山首相。同席していた平野官房長官が割って入った。

「自分が動きますから」

平野官房長官は二日の関係閣僚会議で鳩山首相から「普天間は全力で県外に出したい」と指示されたことで、自らこだわってきたホワイトビーチ沖合案をようやく断念。鳩山首相の思いを受けて、徳之島との交渉役を引き受けることにしたのだった。

しかし、一度掛け違ったボタンを元に戻すことは難しかった。

鹿児島県の伊藤祐一郎知事は平野官房長官への不信感を強めていた。三月二五日、徳之島三町長を伴って官邸を訪れた際、「徳之島なんてマスコミの単なるうわさに過ぎない」と追い返されていたからだ。訪問の名目は「普天間の県内移設反対要請」だったが、伊藤知事は記者団にこんなことも語っていた。

「どこの首長さんがたも、外交問題が国の専管事項であることは承知しておられる」

暗に「政府が決めれば話し合いに応じる」とのメッセージだったが、政府側の反応はなかった。三日後、徳之島で四二〇〇〇人（主催者発表）を集めた移設反対集会が開かれ、三町長や地元選出の徳田毅衆院議員（自民）ら自民、公明、共産の野党各党の国会議員が出席。さながら「反民主党集会」の様相を呈した。伊藤知事は出席を見送ったが、四月に入り、上京して会った民主党議員にこぼした。

「外交安保は国の専管事項だと言ってきたが、ことここに至っても私に一言も話がない。こうなったら反対集会に出て、どんな条件がついても絶対に反対する」

町長らも、政府からの正式な打診がないまま、反対運動ばかりが盛り上がっている現状に苛立っていた。鳩山首相の「腹案」発言を聞いて「二〇〇パーセント徳之島だ」と思った伊仙町の大久保明町長も、すっかり疑心暗鬼になっていた。

「私の友人と会ってくれませんか。防衛省の地方協力局長なんですが。島の状況についていろいろお聞きしたいので」

大久保町長は八日夕、鹿児島県に最近まで出向していた総務省幹部からこんな電話を受けた。「基地問題だ」。ぴんときた。防衛省幹部が接触を図ってきたことは初めてだった。政府側からの非公式な打診とも受け取れたが、二つ返事で応じられる雰囲気では既になくなっていた。

同日、平野官房長官は徳田議員の携帯に電話をかけた。徳田議員は普天間の徳之島移設を巡る国会での民主党議員のヤジに激怒し、国民新党の下地幹郎国対委員長に抗議していた。平野官房長官は無礼をわびた後、さりげなく普天間問題に触れた。

「知恵を貸してもらいたいのですが」

「徳之島は絶対無理です」

徳田議員は付け入る隙を与えなかった。しかも、平野官房長官から電話があったことを数時間後に自らのブログで公表した。「敵の牙城」に自ら身を投じた鳩山政権。以後、政府側の動きは逐一漏らされ、「首相の腹案・徳之島」は報道ベースで独り歩きを始める。政府は地元と水面下で交渉を進めようにも、「衆人環視」の状態で身動きがとれなくなっていく。

夢、破れる

鳩山首相を支える官邸スタッフの筆頭格、佐野忠克秘書官（政務担当）は、鳩山首相の「腹案」発言の真意を測りかねていた。

「総理のおっしゃる腹案って、先生はご存じですか？」

首相の「腹案」発言の翌日の四月一日、佐野秘書官は民主党の川上義博参院議員（鳥取選挙区）の議員会館の事務所を訪れて尋ねた。両手を使って空に大きな円を描いて見せながら、さらに質問した。

「政府案ってのが、こうあって、その中に腹案があるんでしょうか。それとも外にあるんでしょうか」

川上議員は民主党内では小沢一郎幹事長に近く、佐野秘書官は鳩山首相に言われて、外交安保政策や党内情勢に関する意見を聞くことがしばしばあった。

二週間ほど前、川上議員は首相官邸を訪れ、鳩山首相にこんな提案をした。

「辺野古に代替施設は造るが平時は空っぽ。海兵隊はグアムに全面移転、ということでいいんじゃないですか。オバマ大統領と直接交渉したらどうですか」

突拍子もない提案だった。だが首相は「へぇ」と身を乗り出し、目を輝かせた。佐野秘書官は「総理、今話を進めているところですから」と話を途中でさえぎった。

政府案は、徳之島に普天間の部隊の大部分を移転し、残りはシュワブ陸上案にヘリパッドを造って移転するというものだ。しかし鳩山首相には、「新たな移設先をどうするか」という目の前の現実的な問題と、持論の「常時駐留なき安全保障」を結び付けて考える癖があった。川上議員の提案はいわば「常駐なき辺野古」。普天間飛行場を辺野古に移設するとした二〇〇六年の日米合意を踏まえて、しかも「封印」している「常駐なき安保」のモデル・ケースにもできる、と鳩山首相が魅力的に感じてもおかしくないアイデアではあった。

佐野秘書官は経済産業省出身。鳩山首相が新党さきがけから官房副長官として政権入りした細川内閣で、首相秘書官を務めていた。二〇〇四年、経済産業審議官を最後に退官し、弁護士業にいそしんでいた佐野氏に、鳩山政権の最大課題の一つが鳩山首相自らの献金問題になると考えた平野官房長官が白羽の矢を立てた。

自分の仕事は、献金問題対応。政策に携わるつもりは就任当初はなかった。だが、鳩山首相と同世代に属する人間として、普天間問題にかける鳩山首相の思いを自分のことのように感じ取っていた。鳩山首相が小沢幹事長と呼吸を合わせる「対等な日米関係」という目標にも共感していた。

〈米国に守ってもらう日米安保体制が五〇年まったく変わらない、というのは果たしてどうなのか。根本的な議論が必要だ。そのとっかかりが普天間だ。総理は、旧政権が決めたことに単

にのっかるのではなく検証してみたいという。その思いを応援したい〉

しかし、鳩山首相の資金管理団体を巡る偽装献金事件で秘書二人が起訴されたのが二〇〇九年一二月二四日。「さあ、これから普天間に真剣に取り組もう」と思った時には、「五月までの結論先送り」が決まっていた。米側から「米国は『プランB』を持ったほうがいい」（アーミテージ元国務副長官）などと「普天間継続使用」の可能性に触れる発言が出始めていた。

佐野秘書官は、米側のシグナルをこう受け取った。普天間固定化に言及するということは、いずれはグアムに引き揚げるという考えがあるのではないか——。

鳩山首相も考えていた。「将来的な在沖縄海兵隊グアム全面移転」を米国が受け入れてくれないだろうか、と。

オバマ政権が二月に公表した「四年ごとの国防政策見直し（ＱＤＲ）」では「グアムを地域における安全保障に係る活動のハブ（拠点）にする」と記述している。鳩山首相を支持する民主党内グループに属する川内博史衆院議員（鹿児島一区）は「沖縄が果たしてきたハブの役割がグアムに移るのだから、沖縄の海兵隊もグアムに全面移転させればいい」と指摘していた。

ある防衛省関係者も鳩山首相にこう言った。

「沖縄の海兵隊がグアムまで皆下がって、その間は自衛隊が替わって訓練を積む、などというのは一〇年、一五年先の話ですよ」

鳩山首相は「それはいい話だなぁ」と目を見開いて大きくうなずいていた。

しかし、それこそ〇六年合意の枠をはみ出し、自公政権末期に締結された在沖縄海兵隊グアム移転協定の見直しも避けられない。外務、防衛両省に任せていてはとてもできない話だった。

鳩山首相は、バラク・オバマ大統領が主催する核安全保障サミットに出席するため、四月一二日からワシントンを訪れる予定だった。五月末を前にした「大統領との直接交渉」の最後のチャンス。しかし、米側の反応は冷たかった。

正規の日米首脳会談は日本側の申し入れにもかかわらず、訪米まで一週間を切ってもセットされなかった。鳩山首相は佐野秘書官を同行させ、後に残して米側の意向を探らせようと考えた。

鳩山首相は出発前日の一一日、平野官房長官を首相公邸に呼び出した。当日の一二日朝にも呼び、ぎりぎりまで打ち合わせた。平野官房長官は、鳩山首相の「腹案」である徳之島とシュワブ陸上部への部隊分割移転案の実現に向け、地元事情調査を進めているところだった。

地元の手応えは悪くないが、問題は米軍の運用だ。そう指摘した平野官房長官に、鳩山首相は強い決意を示した。普天間問題は日米の共同責任だ。分かち合ってもらえないなら、普天間から出ていってもらうしかない――。

平野官房長官は一二日午前、沖縄県議会の高嶺善伸議長と初めて面会し、普天間の機能の県外移転を検討していることを初めて公式に表明した。一方、鳩山首相には、ぎりぎりの調整で、核安全保障サミットの夕食会でオバマ大統領との非公式な会談がセットされた。

核安全保障サミットは、オバマ大統領の「核兵器なき世界」を訴えた二〇〇九年四月のプラハでの演説で提唱された。核物質の安全管理策を論議する目的で、四七ヵ国の首脳や閣僚らが一堂に会するビッグイベントだ。一二日夜（日本時間一三日朝）、ワシントン市内のワシントン・コンベンション・センターで、ホスト役のオバマ大統領が冒頭、「食事をしていてください」と出席者に声を掛けると、鳩山首相はオバマ大統領の左隣に座って会談を始めた。しかし、意気込んで臨んだ鳩山首相に許されたのはわずか一〇分。二人だけの会談に日米双方の通訳二人が同席した。

鳩山首相は終了後、記者団に自らの発言の内容をこう説明した。

「日米同盟は大変重要だという考え方の下で、普天間問題を努力している最中だ。大統領にもぜひ協力を願いたい」

「五月末までに決着する」

「沖縄の負担軽減が日米同盟を持続的に発展させるためにも必要だ」

一〇分間の内訳は、普天間七分、イラン三分。移設先の地名など、具体論に踏み込む時間などあるはずがなかった。オバマ大統領の発言に関して鳩山首相は「感触も申し上げられません。言葉を読まれますから」と語らなかった。しかし米側の苛立ちが頂点に達していることに、その時にはまだ気付かずにいた。

「嵐」は帰国してからやってきた。非公式会談でオバマ大統領が鳩山首相に厳しい姿勢を示していたとの報道が、一五日夕刊で一斉に流れたのだ。

「『5月決着』厳しく要求　米大統領、首相に」（読売新聞）

「米大統領、首相に不信感　普天間『進展していない』」（日経新聞）

鳩山首相は記者団に向かって怒りを露わにした。

「今日の夕刊にまったく事実誤認の記事がたくさん載っています。まったく分かりません。進展がないじゃないかとか、五月末までの決着を厳しく求めたとか、そんな話は一切ありません」

しかし、翌一六日に帰国した佐野秘書官の報告で、鳩山首相はようやく米側の厳しさを実感した。

佐野秘書官は、中央官僚として同期で、旧知の仲の藤崎一郎駐米大使に頼み、ジェームズ・スタインバーグ国務副長官との会談にこぎつけた。カート・キャンベル国務次官補が同席し、約三〇分行われた会談で、スタインバーグ国務副長官は佐野秘書官に明言した。

「米国としては現行案以外に選択肢はない」

鳩山首相に対する明確なメッセージだった。米国務省ナンバー2の「通告」に、返す言葉はなかった。

これに先立ちワシントン市内でキャンベル次官補がセットした朝食会でも、佐野秘書官はさんざん詰問された。

「あまりにもひどいじゃないか。出てくる案出てくる案、古いものばかりだ」

それ以外にも佐野秘書官は、オバマ政権関係者ら約一〇人と相次いで会談したが、どの会談も「平行線」に終わった。在沖縄海兵隊を巡っても、三月にロバート・ゲーツ国防長官が岡田外相に対して強調した「日本防衛の義務を果たすために海兵隊は沖縄にいる必要がある」との認識が確認されただけ。「将来的にはグアムに退いてもいいと考えているのではないか」との淡い期待は打ち砕かれた。

佐野秘書官が会った中には、「極秘交渉ルート」と期待をかけた人間もいた、と政府関係者は指摘する。リチャード・アーミテージ元国務副長官が「佐野氏のやり方は古い。特定のルートに頼る手法は、もはや通用しない」と後に語ったという。

「申しわけありません。米国は現行案しかのみません」

佐野秘書官の報告に、鳩山首相は「君が言っていたことと違う」となじった。

鳩山首相の夢は終わった。孤立し、断崖絶壁に追い詰められていく鳩山首相。その背景には、これまでの交渉で蚊帳の外に置かれてきた外務、防衛両省のひそやかな逆襲があった。

官僚の「復権」

「首相が大統領と会って普天間の中身の話をするのを、僕はまったく想定していない」

鳩山首相の訪米前の四月一〇日午後、岡田外相は横須賀市内で記者団に語った。鳩山首相を公邸に訪ね、訪米に向けた意見交換をした直後のことだった。

公邸で岡田外相は、前日にジョン・ルース駐日米大使と行った会談の内容を報告した。会談では新たな普天間移設案を巡り、具体的な内容協議に入る日米の実務者協議開始は時期尚早、との認識で一致していた。「私とルース大使の間でやりとりがまだしばらくあると思う」と岡田外相は伝えた。

鳩山首相が「全力で県外」を指示してから、官邸内では「米側の要求」として交渉窓口は岡田外相・ルース大使、という認識でいた。しかし、実態は現行案の実現を求められるばかりで交渉と呼べるものではなかった。米側が「窓口はルース大使」との姿勢を貫いたことについて、外務省幹部が振り返る。

「ルース大使に交渉権限が与えられていたとは思えない。米側にとって五月までの八ヵ月間は、日本に対する儀礼だった。大使の役割は、要するに『政務』だったということだ」

米軍キャンプ・シュワブ沿岸部にV字形の滑走路二本を建設する現行計画が最善だ、という米側の姿勢は一貫していた。米側にとって現行計画と比べても検討に値する代替案は、いまだに日本側から出てきていなかった。一方で「対米公約」となっていた「五月末」の期限までは後わずか。日本側が対米関係で破綻を迎えたくないのであれば、現行計画での決着しかなかった。

ゲーツ長官との会談を通じ、岡田外相はそのことを痛感していた。鳩山首相の「全力で県外」という指示を受けて検討を始めた政府案も、海兵隊の運用の一体性が考慮されておらず、やはり受け入れられない可能性が高かった。

しかし、鳩山首相は、正式な首脳会談ができなくてもオバマ大統領に「何らかの形で普天間問題の今の経緯を話したい」と言った。

だが、岡田外相は譲らなかった。

「中身の話は私がルース大使と今やっているところですから」

岡田外相が首相公邸を訪ねた目的は、オバマ大統領との非公式会談で踏み込んだ話をしないよう、鳩山首相にクギを刺すことだった。そしてそれは、功を奏した。

鳩山首相周辺では、実務者協議先送りを「オバマ大統領に話してくれるな、というメッセージ」ととらえた。鳩山首相も、オバマ大統領との非公式会談の中で「岡田外相とルース大使との間で今交渉を行っている」と述べた。ある首相側近はこうつぶやいた。

「実務者協議が始まらないのに、トップ同士で一発逆転なんてできるはずがない。本当は特使を立てられればいいが、岡田外相がいる限りは無理だろう」

首相である自分が満を持して「全力で県外」と指示を出し、官邸スタッフの下に外務、防衛両省の事務方を集めたタスクフォースも作った。なのに、公邸で極秘に開いた会合がどこからかマスコミに漏れる。思った通りにさっぱり動いていかない……。苛立ちを強める鳩山首相に追い打ちをかけたのが、帰国後間もなくの一八日、読売新聞朝刊一面のトップ記事だった。

「"Can you follow through?"『きちんと実現できるのか』　米大統領が疑念」

オバマ大統領が非公式会談で「首相は『トラスト・ミー』と〇九年一一月の首脳会談で言ったのに、何も進んでいない。最後までやり遂げられるのか」と強い疑念を示したという内容だった。

「まったくこんなの、事実と違う」

鳩山首相は公邸で秘書官を相手にした勉強会の最中、色をなして報道を否定した。二日後、記者団とのぶら下がり会見でも「"Can you follow through?"という言葉は、少なくとも私の耳には聞いておりません」と述べた。岡田外相も「そういう英文は使っていなかったと理解している」と否定した。

会話内容を知っているのは大統領、首相、通訳二人の計四人だけ。日本側のメモ取り要員は入れず、会談記録も残していなかった。この報道は、毎日新聞を含めて数社の新聞社・テレビ局が追い掛けた。確認作業に走る記者に対し、複数の日米外交筋が否定をしないことで暗黙の「裏取り」を与えた。

鳩山首相も"Can you follow through?"という言葉は使っていないと否定する一方で、オバマ大統領の発言内容は明らかにしなかった。ある首相側近はこう漏らした。

「文言は違うとしても、『トラスト・ミー』と言ってから時間がたっていることは間違いない。すごく良い話をされているわけではないから、こちらからは言えない」

こうして「大統領に直接不信感を示された首相」とのマイナス・イメージが、鳩山首相に加えられた。

一方、防衛省でも鳩山首相とオバマ大統領の非公式会談を境に、「全力で県外」の首相指示は実現不可能と判断し、「辺野古決着」への軌道修正が始まった。

「徳之島は無理だ。シュワブ陸上案も、一五〇〇メートル級滑走路はもうダメだ」

北澤防衛相は、防衛省幹部に漏らした。この幹部は、大臣は現行案に戻せないかと考え始めたな、と察した。

米側が運用上の理由で反対であることは、事務方からの報告で、検討を始める前から既に分かっていた。政治的直感に長け、機を見るに敏な北澤防衛相だけに、方向転換は素早かった。

一八日、徳之島で開かれた島内三町の住民による移設反対集会には、一万五〇〇〇人（主催者発表）が集まった。人口約二万六〇〇〇人の島でこれほどの大規模な反対集会。民意は決定的だった。

「徳之島の住民の皆さん方のお気持ちだ。徳之島でお願いをするということになれば、今の状況はなかなか厳しいものがある」

北澤防衛相は二〇日の記者会見で、反対の民意の前にあっさり白旗を挙げてみせた。

省内でも、民主党政権の稚拙な政治主導ぶりに「付き合っていられない」との防衛本能が働いた。

「今はとにかく動くな。問題化させては後々面倒だ」

普天間問題にかかわる防衛省内局幹部の間で、こんな会話が交わされた。徳之島の町長に地方協力局長が接触しようとし、拒否された一件の影響だった。

外務、防衛両省の「不作為」による現行計画への誘導。「サボタージュだ」。首相側近は嘆いた。しかしそれは政権自らが招いた失態なのだった。

徳之島で反対集会があった一八日、鹿児島市中心部を選挙区とする民主党の川内博史衆院議員が首相公邸に押しかけ迫った。

「沖縄も徳之島も反対ですよ。これでは絶対にできませんよ」

すると鳩山首相はあっさりとこう答えた。

「うん、そうですね」

官邸崩壊

徳之島での反対集会を「辺野古回帰」へのきっかけととらえた防衛省に対し、首相官邸は百八十度逆の動きに出て、民意を逆なでした。

「反対集会に一万五〇〇〇人、とのマスコミ報道があったが、地元の意見と正確な民意を聴きたい。官房長官と早急に会っていただけないか。県知事も同席してもらう」

四月二〇日午後一時すぎ、瀧野《たきの》欣彌《きんや》官房副長官は徳之島、伊仙、天城の徳之島三町長に相次いで電話し、鹿児島市内での平野官房長官との面会を要請。鹿児島県の伊藤知事にも電話し、会談への同席を依頼した。

三町長はすぐ伊仙町役場に集まり、わずか一五分の協議で「会談拒否」を決定。天城町の大久幸助町長が官邸の事務方に電話で拒否を伝えた。瀧野官房副長官の最初の電話から一時間半後の通告だった。

「長寿、子宝、癒やしの島に米軍基地は要らない」と島民の大半を目の前にこぶしを振り上げたばかりの町長たち。反応は厳しかった。

大久町長「いったん火をつけると無理だ。一万五〇〇〇人の意思を無視することはできない。集会の前だったら余地があったが、今は無理です」

瀧野官房副長官「そこを何とかお願いします」

大久町長「無理です」

さらに手厳しかったのは伊仙町の大久保明町長。瀧野官房副長官から電話があったことを明かした記者会見で痛烈に批判した。

「三月二八日の（反対集会の）四二〇〇人を、主催者発表だからもっと少ないと思い、危機感がなかったのだろう。情報管理がなっていない。国家の危機ではないか」

確かに官邸は今回も「一万五〇〇〇人は主催者発表。実際に集まったのは六〇〇〇人ぐらい。しかも島外からやってきた団体が多かった」という分析をしていた。

「会談拒否」を決めた三町長に同調して「私も会わない。今後も反対を貫く」と明言した伊藤知事は、一体、官邸は何をやっているのだ、と心の中で舌打ちをしていた。

伊藤知事は瀧野官房副長官とは旧知の仲。東大法学部の同期で、旧自治省では一期上の先輩だった。「何とかうまく話をまとめられたら」と二人は水面下で相談しあっていた。

伊藤知事と瀧野官房副長官は前日の一九日、そろって二橋正弘元官房副長官の事務所を訪ね、「どうしたらいいでしょうか」と教えを請うていた。

二橋元官房副長官は、小泉、福田内閣で副長官を務め、〇六年合意を巡る経緯を熟知しており、瀧野官房副長官がそれまでもしばしば相談に訪れていた。

「知事が仲介役になってはどうかな。東京に呼び付けるわけにはいかないし、島に乗り込むわけにもいくまい。間をとって鹿児島市内で会うことにしては」

伊藤知事は、仲介役まで積極的に果たすことはためらったものの、二橋元官房副長官のアドバイスには素直に耳を傾けた。

そこへ翌二〇日朝、平野官房長官が瀧野官房副長官に「三町長に会うので電話してくれ。話はつけてあるから日程調整だけやってくれればいい」と指示してきた。ところが、誘致派の町議を通じて話をつけたつもりでいた平野官房長官の思った通りに事態は展開しなかった。鳩山首相に事前に報告していなかった平野官房長官は、「電話をしたことは報道で知った」と釈明役を瀧野官房副長官に押し付けた。鳩山首相は、記者団にこう述べた。

「私はどのような思いで瀧野副長官が電話をされたか分かりません。(電話の位置付けについては)瀧野副長官にお聞きください。私が存じ上げる話ではありません」

もはや、官邸内に指揮命令系統はなく、機能不全に陥っていた。自民党の石破茂政調会長は痛烈に批判した。

「首相が事務方の要が言ったことを『知らないから本人に聞いてくれ』とは。官邸崩壊だ」

平野官房長官には「徳之島を早く何とかしなくては」という思いがあった。鳩山首相が首相補佐官も含めた会議の席上、「私はゴールデンウイークに沖縄に説明に行く。平野君は徳之島に行ってもらう」と発言していたからだ。平野官房長官は二五日に予定される沖縄県民大会前に関係閣僚会議や基本政策閣僚委員会を開き、政府案を正式決定し、発表するシナリオを描いた。

しかし、官邸内のバラバラぶりは深刻だった。鳩山首相が、一八日に公邸を訪れた軍事アナリストの小川和久氏の提案に強い関心を示したのに対し、佐野秘書官や須川清司内閣官房専門調査員が異論を唱え、険悪な空気が流れていたのだ。

小川氏の提案は「普天間ヘリ部隊の仮移転先をキャンプ・ハンセン、キャンプ・シュワブ内に造り、普天間の危険除去を一ヵ月以内に実現。その後ハンセンに本格的に移設する」という内容だった。官邸外の側近が鳩山首相の意向を受けてつないだものだったが、既に対米交渉を外務省に事実上委ねてしまった官邸スタッフには荷が重い。何より、もう時間がなかった。

二一日の党首討論では、鳩山首相の発言に、聞いていた与野党議員からどよめきが広がった。

「確かに、私は愚かな総理かもしれません。昨年一二月に、エイヤッと（現行計画の）辺野古に決めていれば、どんなに楽であったか計り知れません」

鳩山首相は二度目の「腹案」発言に絡めて「地元よりもまず米国に理解されるかどうか、水面下でやり取りしないといけない」と強調。「腹案」の内容を頑として明かさなかった。一方で、在沖縄海兵隊の持つ抑止力に関し「役割は大きい。沖縄からあまり遠くまで移すことは適当ではない」とも明言した。

閣内のバラバラぶりは、官邸内のそれを遥かに超えた深刻さだった。党首討論の直前、閣僚控室でこんな会話が交わされていた。

小沢鋭仁《さきひと》環境相「徳之島って、大丈夫なんですか」

岡田外相「徳之島と決まったわけじゃありませんから」

小沢環境相は、鳩山首相の側近。首相を中心とするグループ「政権公約を実現する会」の事務総長を務めた。立場上、直接関係はないものの、普天間問題の行方に気をもんでいた一人だった。そこに前原誠司沖縄担当相が加わった。

「徳之島の話って事前に聞いてました？」

岡田外相は、黙って首を横に振った。

小沢環境相は「この問題は誰かが責任持ってやらないと大変なことになる」と訴えたが、二人の反応は鈍かった。この期に及んで平野官房長官が「絶対大丈夫」と抱え込んでいたからだった。前原沖縄担当相がつぶやいた。

「Too lateですね」

もともと岡田、前原両氏と鳩山首相では対米観、安保観が違う。鳩山首相の言うことだからと付き合い続けるのももう限界だった。岡田外相もこのころ記者会見で、鳩山首相の持論である「常時駐留なき安全保障」について、こう突き放した。

「鳩山総理の従来の考え方は私も承知しているが、一〇年ほど前、今の民主党になった時に、当時の鳩山さん、菅（直人）さん、横路（孝弘）さんに入ってもらって、民主党の安全保障政策を作った。『（常時）駐留なき安保』という考え方は、完全にその時点で消えている」

一方の北澤防衛相は、「辺野古回帰」へと軌道修正を始めていたが、現行計画そのままというわけにはいかない、とも考えていた。ここで防衛省が編み出したのが、一八〇〇メートルの滑走路一本、工法は「杭打ち桟橋（ＱＩＰ）方式」だった。これなら海を埋め立てずに済むし、現行計画との違いを出せると踏んだ。北澤防衛相は鳩山首相にこの考えを伝えた。

「辺野古の海が埋め立てられることは自然に対する冒瀆だ。あそこに立った人は皆、あの海が埋め立てられたらたまったもんじゃないと感じたと思う」

鳩山首相が群馬県大泉町で記者団に語ったのは四月二四日だった。米ワシントン・ポスト紙が「岡田外相とルース大使が二三日に東京都内の在日米大使館で会談し、現行案を微修正する形で受け入れる」と報じたのを受けてのものだった。

「現行案が受け入れられるというような話はあってはならない」

語気を強めた鳩山首相だったが、実態は「辺野古回帰」をベースとした防衛省案に便乗した形だ。たとえ、辺野古移設であっても杭打ち桟橋方式で埋め立てはしない、という一点に飛びついたかのようだった。

杭打ち桟橋方式の浮上により、徳之島への分散移転は、論理的には検討する必要がなくなるはずだった。政府が検討していたのは、辺野古の米軍キャンプ・シュワブ陸上部にヘリパッドを造り、徳之島と分割移転させる構想だったが、シュワブに一八〇〇メートルの滑走路を確保すれば米軍の運用上は十分だからだ。

ところが、鳩山首相は防衛省が断念した「徳之島への普天間ヘリ部隊分割移転」をまったくあきらめていなかった。

「徳之島に航空部隊二五〇〇人のうち最大一〇〇〇人。もしくは訓練の一部を受け入れてもらえませんか」

鳩山首相は二八日午前、徳之島の有力者、徳田虎雄元衆院議員を東京都内の自宅に見舞い、徳之島へのヘリ部隊一部または訓練移転受け入れを要請した。鳩山首相が初めて公式に徳之島案の具体像を明かした会談だった。

しかし、筋萎縮性側索硬化症（ＡＬＳ）で車いす生活の徳田氏は、介助のため同席した次男の徳田毅衆院議員（自民）を通じ、「基地は無理だ」と表明。ただ一方で「反対を伝えるため」として、鳩山首相が要望した徳之島三町長との面会を仲介した。

こうして徳之島は、ともかく訓練の一部だけでも県外へ、という鳩山首相のメンツを立てるだけの舞台装置となった。

「結局は現行案になる。ただし絶対に極秘だぞ」

防衛省の政務三役の一人が北澤防衛相からこう聞かされた途端、ワシントン・ポスト紙は「岡田外相が現行案受け入れを表明」と報じた。この政務三役の一人は、流れが仕組まれているようで、恐ろしいと感じた。

〈役人がそろって過去の「検証」を始めたのも、現行案に戻すためのプロセスだった。米国は余裕だな。何もしてないのに、こっちが勝手に米国に寄っていったのだから〉

募る不信

官僚主導で現行計画回帰へと流れは作られていったが、そこに辿りつくまでは米国も困惑を極めていた。「五月末」が目前だというのに、四月になっても鳩山首相や閣僚が思い思いの発言をし、政府案なるものが論理的に集約されてこなかった。運用上の実行可能性も、地元が受け入れるかどうかも検討されていない。日本側が何を考えているのか、さっぱり分からなかった。

ルース大使がこぼした相手は、民主党の小沢幹事長だった。四月上旬、東京都内で極秘に会談した。大使側からの申し入れだった。小沢幹事長は「政策の話はできないので昼間は無理だ」と返答し、会談は夜にセットされた。小沢幹事長は四月一八日、盛岡市内で会食した複数の関係者に、この日の会談内容の一部を明かした。

「(米国側の趣旨は）ハトヤマさんは信用できない、ということだ」

酒の入った座での、小沢氏流の解釈だったが、米国がみる鳩山政権の雰囲気は伝わった（この会談について、東京の米大使館は、毎日新聞に対し、会談の事実は認めたが、「大使はそうした発言は一切していない。政策の話をする会談ではなかった」と、小沢氏が周辺に明かした内容については否定した)。

鳩山首相が二〇〇九年一一月の日米首脳会談で「トラスト・ミー」と告げながら、その後の指導力を発揮していないことに、米側は不満を抱いていたようだ。

米側は現行案もしくは現行案の微修正までが限度。それに日本側が応じなければ普天間の現状維持しかない。そうなれば在沖縄海兵隊グアム移転協定は破棄ということにすらなりかねない——。米側は民主党政権の「司令塔」を探りあぐねていた。

小沢幹事長は、キャンベル国務次官補に招待を受けたゴールデンウイークの訪米を先送りしていた。米側の対応が不満だったからだ。それでも、ルース大使の嘆きには共感した。極秘会談後、普天間問題から一段と距離を置き、鳩山首相に厳しいシグナルを送るようになった。二二日、鹿児島市での連合鹿児島幹部との会合で「米側は日本政府に強い不信感を持っている」と懸念を示し、四日後の記者会見で、日米関係の現状について聞かれてこう答えた。

「日米同盟は日本の生存にとって非常に重要な関係だ。一切の隠し立てや不信感がない関係でなければならない。自分の意見を主張し議論して、合意したことはきちんと守るという信頼関係を築き上げるのが大事だ」

小沢・ルース会談を巡っては、内政問題の節目で剛腕ぶりを発揮する小沢幹事長を局面打開のキーマンとみて、米側が関係修復に動いた、との憶測も流れた。だが、小沢幹事長は日米同盟の重要性は説いたが、普天間問題決着には積極的に動かなかった。

鳩山政権を巡る政治環境は日増しに厳しくなっていた。まず、内閣支持率が急落していた。毎日新聞が四月中旬に行った全国世論調査では内閣支持率が三三パーセントへ急落（前月比一〇ポイント減）、不支持率が五二パーセントと初めて五割を超えた。普天間問題を巡って指導力不足を露呈した鳩山首相の資質問題が、支持率急落の主要因だった。加えて二七日には、小沢幹事長の資金管理団体「陸山会」の土地購入を巡る政治資金規正法違反事件で、東京第五検察審査会が「起訴相当」を議決。夏の参院選で単独過半数を目指してきた民主党の政権戦略は見直しを迫られ、「小鳩ダブル辞任」が現実味を帯び始めていた。小沢幹事長に近い党幹部が指摘した。

「普天間で鳩山首相が退陣すれば、小沢幹事長は自然に辞任できる。そのタイミングしかない」

くすぶる「国外」

このころ社民党は、政局回避に向けて再び動き始めていた。キーマンは、社民党衆院議員の照屋寛徳国対委員長（沖縄二区）だった。終戦の年の七月、太平洋に浮かぶサイパン島の米軍捕虜収容所で生まれた。琉球大学を卒業して弁護士となり、沖縄県議二期を経て国会議員に転身した。党内きっての基地問題スペシャリストだ。普天間移設問題を実質的に指揮してきたのも照屋国対委員長で、社民党の作業グループは「チーム照屋」と呼ばれた。

米領グアムに加え、米国自治領北マリアナ連邦を移設候補先とする社民党は、四月九日から一一日まで、照屋国対委員長を中心とする調査団を北マリアナ連邦のサイパン島とテニアン島に派遣した。成田空港からサイパン島までは空路でわずか三時間半ほどだ。テニアン島はそこから空路で移動する。視察は米軍が射爆訓練場として使用しているテニアン島が中心だった。ここには旧日本軍が造った滑走路（二四〇〇メートル）が四本ある。うち一本は、広島と長崎に原爆を投下した爆撃機Ｂ29の出撃に使用された。

この旅で、連邦議会のテノリオ下院議長は照屋国対委員長に「米国海兵隊がテニアンに来ることは、疑いなく歓迎される」と表明。テニアンのデラクルス市長も「海兵隊の恒久的な基地建設を強く希望する」と述べた。

照屋国対委員長は会談の成果を帰国後、鳩山首相に伝え、四月一五日には首相官邸で瀧野官房副長官とひざ詰めで話し合った。

「グアムと北マリアナ連邦への移設可能性を真剣に検討し、日米交渉のテーブルに載せてもらいたい」

照屋国対委員長はこう直言した。実は、前日の一四日夜には、北澤防衛相ら防衛省の政務三役や衆院安全保障委員会の与党理事と懇談し、報告を済ませていた。「テニアンにはこんな滑走路があるのか」など興味を示す意見も出たといい、照屋国対委員長は「ぜひ防衛省でもグアム、北マリアナを検討してほしい」と伝えていた。

瀧野官房副長官は「地元の状況は友好的ですね」と関心を示した後、疑問を呈した。

「ただ、我々が接触している米軍関係者は、もっと前線地域に置いておきたい気持ちが強いようです。地元の状況と米軍の運用、この両方がなかなか嚙み合わない。そこがネックですね」

話は平行線に終わり、同席した重野安正幹事長は忠告した。

「野党はこの問題を最大限に利用してくる。今政府が検討している内容では無理だ。『五月末』と言ってもできない。発想を転換しないと」

テニアン島を探っていたのは社民党だけではなかった。「沖縄等米軍基地問題議員懇談会」会長でグアム移転を進めていた民主党の川内議員も、社民党に続いて五月上旬、サイパン、テニアン両島を視察した。小沢幹事長側近の高嶋良充参院幹事長に「黙認してほしい」と事前了承を求めたうえでの視察だった。地元首長らは照屋国対委員長にしたのと同様に「米海兵隊の駐留を受け入れる」と伝えた。

このとき、北マリアナ連邦議会の上下両院が、普天間のテニアン移設を検討するよう日米両政府に求める決議を全会一致で採択していた。米軍も沖縄から移転した海兵隊の訓練場所はグアムだけでは不十分なため、テニアンに演習場を整備することを計画。照屋国対委員長の進言もあり、防衛省内でも「テニアンに日米共同の演習場を日本が造るのと引き換えに、一〇～一五年後の見直し規定を共同声明に入れてはどうか」との意見が持ち上がっていた。

しかし、首相官邸は社民党に耳を傾けようとせず、川内議員が持ち込んだ北マリアナ連邦知事からの鳩山首相との面会要望の親書も無視した。米軍の運用上、「国外移設」はすでにテーブルから除かれていた。高嶋参院幹事長から川内議員の動向の報告を受けた小沢幹事長もこうつぶやいた。

「おれはそもそも何も聞かされていないし相談も受けていないから。今さらなあ……。遅いわなあ」

首相官邸の冷ややかな態度は、「国外」を検討する余裕がすでになかったからだけではない。平野官房長官だけでなく、佐野秘書官、松野頼久官房副長官ら、与党三党の「沖縄基地問題検討委員会」にかかわってきたメンバーに共通する、社民党に対する甘い認識が根底にあった。

「辺野古で決着したところで、政権離脱などするわけがない。言っているのは福島瑞穂党首だけだ」

基地問題検討委のメンバーである社民党の阿部政審会長は、「ただ反対」ではなく政権内で現実的な解決策を見出さなければならない、というスタンスだった。

「最終的な政府案に、党首が反対する可能性はあります」

阿部政審会長はそう平野官房長官に告げていた。官邸サイドはそうした社民党の態度を「いざとなったら折れる」と都合良く解釈した。

しかし、福島党首が態度を和らげる気配はなかった。

「やっぱり沖縄県内というのは、沖縄の人たちは望まないのではないか。埋め立てでなく、杭打ちだったらいい、とは思わない。地元の同意は得られないと思いますよ」

福島党首は四月三〇日朝、鳩山首相に電話で訴えた。「政府は現行案修正の方針を固めた」と各紙が報道し、鳩山首相の沖縄訪問日程を平野官房長官が正式に発表していた。福島党首は鳩山首相に電話した事実を記者会見で明かし、昼には国民新党代表の亀井静香金融・郵政改革担当相に呼び掛け、東京都内の日本料理店で会談。「普天間問題も、原点に帰って、国外・県外で頑張ろう、ということで一致した」と強調してみせた。

一方、首相官邸では、社民党が振り上げたこぶしに、佐野秘書官が真っ向から受けて立つ態度を見せた。

「杭打ちと徳之島で強硬に行くしかない。従来の辺野古沿岸部に、一八〇〇メートルの滑走路一本を造る」

佐野秘書官は、鳩山首相に面会を求めて訪れた民主党沖縄県連代表の喜納昌吉参院議員に宣言した。

喜納議員「無理だ。あなた、本当にできると思っているのですか」

佐野秘書官「鳩山政権を守るためにやります」

喜納議員「それは総理の考えか」

佐野秘書官「総理は総理の考え方ですから。あなた、案があれば総理に示してください」

その後、首相執務室に通され、鳩山首相と二人だけで向かい合った喜納議員は、言った。

「杭打ちができると思っているのですか。どう考えても無理だ。利権がなくなり、敵も増える。そんなバカなことはやめたほうがいい。総理は『官邸プリズン』に入っている」

神妙に話を聞き続ける鳩山首相に、喜納議員が提案したのは内閣改造による局面打開だった。平野官房長官を更迭し、後任に菅直人副総理兼財務相を据える人事構想を示した。

利権がなくなり、敵も増える。喜納議員の指摘は、普天間が一三年間動かなかった理由の本質を突いていた。経済振興のために移設受け入れに協力する「容認派」と、米軍基地撤去を求める「反対派」が呼応し合い、移設問題の解決が遠のく構図だ。

鳩山政権は数ヵ月を空費する間に、双方をあおり、勢い付かせてしまっていた。

国外・県外断念、理由は「抑止力」

沖縄では現行案の移設先、名護市辺野古の「容認派」が、首相の決断を今か今かと固唾を飲んで見守っていた。辺野古区有志が作る「代替施設推進協議会」の宮城安秀会長もその一人だ。「国外・県外」は将来課題とし、暫定的に現行計画を進める「キャンプ・シュワブ暫定案」を県や沖縄防衛局に提案してから、半年が経とうとしていた。

〈思った通りだ。沖縄以外に受け入れる県はないし、国外はアメリカが受け入れない〉

秋に控える市議選では、「県内移設反対」の稲嶺進市長派と「条件付き容認」の仲井眞弘多沖縄県知事を全面的に応援してきた島袋吉和前市長派の激突が予想された。宮城氏は島袋前市長派から出馬する見通しになっていた。

基地受け入れ賛成か、反対か、一市民が問われれば反対が多いに決まっている。代替施設を受け入れることで直接恩恵を被るのはごく一部の業者に過ぎない。一〇年で一〇〇〇億円のつかみ金の北部振興策で市民の懐は潤わなかったばかりか、市の財政を悪化させてしまった。市長選で島袋前市長が落選の憂き目を見た背景にあるそうした民意の潮流を、宮城氏はひしひしと感じていた。そんな中で「容認派」のレッテルを貼られれば、選挙戦が厳しくなることは容易に想像がついた。

約束の「五月末」が近づいて、鳩山政権は移設先として「辺野古回帰」を選択しようとしていた。しかし鳩山首相は「海は埋め立てない」ことにこだわった。代わりに、杭打ち桟橋（QIP）方式やメガフロートが検討されている、と報道されていた。だが、宮城氏は、何より埋め立てでなければ、地元に経済効果がない、と考えていた。

さらに辺野古区内部では、住民に対し「埋め立てで新たに入る軍用地料を分配するから、賛成してほしい」との説得が極秘裏に進められていた。名護市議会では三月、シュワブ陸上案に反対する意見書と抗議決議が全会一致で可決されたが、背景には「埋め立てでなければ、地元辺野古が受け入れられない」という事情があった。

仲井眞知事もそのころ、関係者に漏らしていた。

「杭打ちは環境に致命的なダメージを与える。しかも本土業者が工事を請け負うから地元に金が落ちない。反対が増える上に、賛成者もない。実現は困難だ」

仲井眞知事が超党派による「国外・県外移設」を求める県民大会への参加を決断したのは、大会二日前の四月二三日。ちょうど政府内で杭打ち方式がひそかに検討され始めたころと重なる。北澤防衛相は大会への知事参加を受けて「知事の発言で政府の方針が変わることは考えられない。政府との間で相当コミュニケーションは成り立っているので、きちっとしたご発言をしていただけるだろう」と自信を示した。

県民大会で、仲井眞知事は「県内移設に反対」と明言はせず、官邸関係者は一様に安堵した。しかし、大会参加者にとっては、仲井眞知事が「普天間を早期に閉鎖・返還し、県内移設を断念して国外・県外に移設することを強く求める」決議の採択に加わった事実のほうが重かった。

大会には仲井眞知事のほか、沖縄県内全四一市町村長（二人は公務のため代理）が出席し、参加者は主催者発表で約九万人。一九九五年の少女暴行事件に抗議する大会の八万五〇〇〇人を上回った。

「超党派」の流れを主導してきた自公系の翁長雄志那覇市長をはじめ、普天間を抱える宜野湾市の伊波洋一市長、名護市の稲嶺市長ら約七〇人が翌日から上京。手分けして平野官房長官と北澤防衛相に決議文を渡した。二七日には国会前で抗議の座り込み。鳩山首相はこうしたうねりに促される形で初の沖縄入りを決めた。しかし、腹にはすでに「辺野古回帰」があった。

沖縄初訪問の前日の五月三日、鳩山首相は、岡本行夫元首相補佐官をひそかに首相公邸に呼んだ。年末、三度にわたって鳩山首相に「抑止力論」を説いたあの岡本氏である。一九九七年に岡本氏が当時の梶山静六官房長官に提案し、「お蔵入り」になったという「環境配慮型埋め立て」工法が記憶に残っていた。

仮に「辺野古回帰」となっても、従来の計画を完全には踏襲せず、新味を打ち出したい、と鳩山首相は考えていた
岡本氏が説明したのは、技術的観点から独自に再検討した修正版だった。乱開発などで海に流れ込んだ土砂がもとになったヘドロを埋め立てに使う方式で、周辺に水路を造ってサンゴや

藻場を育成する一方、ヘドロで汚染された海を再生できる「環境配慮型」として羽田空港や中部国際空港の埋め立てにも既に採用されていた。

〈これなら埋め立てでも辺野古の海を汚さなくて済む〉

埋め立てを「自然への冒瀆」と言い放ったこととの整合性に腐心した鳩山首相は、自身の発言と矛盾しない案だ、と考えていた。

「私は今日ここで、辺野古の海を見させていただいて、改めてこの海を汚したくないという思いにかられております。できる限り環境に配慮することは言うまでもないが、海を汚さない形での決着を模索してまいることも非常に重要だ」

沖縄訪問した四日夕、鳩山首相は名護市の市民会館で稲嶺市長に対して表明した。念頭には「環境配慮型埋め立て」工法があった。

しかし稲嶺市長にとっては、市民の見守る中で初めて対峙する鳩山首相が、あっさりと「国外・県外断念」を表明したことのほうが重大だった。鳩山首相はこう言ったのだ。

「将来的にはグアム、テニアンへの完全な移設もあり得るかとは思うが、現在の北東アジア情勢を鑑みて、日米同盟を維持する中で、抑止力の観点から、沖縄あるいは周辺の皆様方に引き続いてご負担をお願いせざるを得ない」

北東アジア情勢を理由に抑止力を維持するための県内移設。自民党政権と何ら変わりがなかった。何のための選挙公約だったのか。稲嶺市長は切り返した。

「抑止力というなら、日本国民全体を守るということ。国民全体で考えていただく環境を作っていただかないと。最後まで県外、国外を導き出す努力をお願いしたい」

普天間飛行場を抱える宜野湾市民との対話集会では、前年七月に鳩山首相が述べた「最低でも県外」を引いて、住民の一人が迫った。

「首相は『沖縄の心が一つであれば少なくとも県外移設は可能だ』と言った。県民は天にも昇る思いで応援し、沖縄では（衆院選挙区の）一区から四区まですべて（与党系候補が）圧勝した。何が何でも基地を撤去してほしいとの思いからだ」

すべての日程を終えた鳩山首相は記者団の質問に対し、ひたすら「最低でも県外」発言に対する釈明に追われた。

「公約とは選挙の時の党の考え方。党としての発言ではなく、私自身の代表としての発言だ。普天間の危険除去と沖縄の負担軽減をパッケージで考えれば、どうしても一部ご負担をお願いせざるを得ない」

「（発言）当時、海兵隊が抑止力として沖縄に存在しなければならない理由はないと思っていた。学べば学ぶにつけて、在沖縄米軍全体の中で連携し、抑止力が維持できるという思いに至った。（認識が）浅かったと言われればその通りかもしれない」

県民大会で「県内移設反対」のシンボルカラーだった黄色のかりゆしウエアを着て各地を回る鳩山首相を、沖縄県民はトップダウンの決断に一縷の望みを抱いて見守った。しかしそれは無残にも打ち砕かれた。県民の気持ちを振り回した挙句に、初めての沖縄訪問で「辺野古回帰」を表明した鳩山首相と、「県外移設」への勢いが加速し、逆戻りできなくなった沖縄との溝はもはや埋めようがなかった。

一方、米国も深刻な事情を抱えていた。米国は、グアムなどを念頭に置いた「国外移設」について、海兵隊だけでなく海軍などとの軍全体の運用に支障をきたすという理由で反対してきた。しかし、それ以前の問題として、沖縄の海兵隊員と家族の計一万七〇〇〇人を超える部隊を受け入れる能力がグアムにないことが、二〇一〇年春には明確になっていた。

発端は、米国防総省が二〇〇九年一一月にまとめた在沖縄海兵隊のグアム移転に関する環境影響評価（アセスメント）の素案だった。国防総省関係者の新たな流入人口は二〇一〇年の約五六〇〇人が、移転完了時とする二〇一四年には約四万六〇〇〇人に、工事に携わる建設作業員などの流入人口に至っては、二〇一〇年の約一万一〇〇〇人が、ピーク時の二〇一四年には約七万九〇〇〇人に、それぞれ膨れ上がると試算されていた。

危機感を募らせたのは、グアム当局だった。人口約一六万人のグアムには、人口の急増に耐えられるだけの電力や上下水道などインフラが整っておらず、周辺工事をやるにも道路や港湾が整備されていなかった。膨大な費用が必要になり、悲鳴を上げたグアム政府のカマチョ知事が、年明けの二〇一〇年一月、メイバス米海軍長官に対し、二〇一四年の移転完了期限を延期するよう要請する書簡を送付する事態となった。

日本の政府高官は四月中旬、こう漏らした。

「米軍はグアムに八〇〇〇人を受け入れるとなったが、実際にプランが動き出した瞬間、水がないとか、インフラ整備の問題だとか、いろいろ出てきた。それだけ難しい問題だ」

「普天間飛行場代替施設と海兵隊八〇〇〇人の移転計画」のパッケージ論を掲げる米国だが、実際には、普天間移設とは関係なく、海兵隊移転計画が米国内の事情で危ぶまれる事態に陥っていた。社民党や川内議員らが提案する普天間代替施設のグアム移設は、宜野湾市の伊波洋一市長が米国防総省のアセスメント素案を基に「普天間の部隊がグアムに移る計画を、米国はすでに進めている」と主張したのが根拠だった。しかし、そのアセス素案がきっかけで判明した膨大な人口流入とインフラ不足のため、グアム移設案はすでに「物理的な理由」から消滅していた。

第七章　鳩山政権の「崩壊」

韓国哨戒艦の沈没と中国艦船の来襲

鳩山由紀夫首相は、「辺野古回帰」へと動いた理由を、「抑止力」に求めた。そこには、三月から四月にかけて起こった、重大な安全保障上の事件があった。

黄海の南北朝鮮の海上境界付近で韓国海軍哨戒艦「天安《チョンアン》」（一二〇〇トン級）が爆発、沈没したのは三月二六日夜。船体が真っ二つに折れ、乗組員一〇四人のうち、三六人が遺体で発見された。韓国政府は損傷の検証から「魚雷か機雷に接触した可能性」を指摘。韓国メディアなどは北朝鮮の関与説を打ち出し始めた。韓国軍と米、英、豪、スウェーデンが参加した軍・民間合同調査団が結成され、真相究明にあたった。その結果、衝撃的な事実が明かされたのは、約二ヵ月後だった。

「調査の結果、北朝鮮の魚雷だったことが分かりました」

五月一八日、韓国の李明博大統領はバラク・オバマ米大統領との電話で、沈没事件の原因が、北朝鮮からの「攻撃」だったことを明らかにした。一連の調査から、ハングルが記載された魚雷のスクリューなどの破片を発見し、米韓両軍の蓄積情報と照会した結果、書体などからこれが北朝鮮製と断定されたのである。

五月二〇日にはこの調査結果が正式に発表され、二四日、李大統領は国民向けの談話で「北朝鮮の軍事挑発」を批判し、米韓同盟の強化を訴えた。韓国は哨戒艦沈没事件を受け、二〇一二年四月までに米軍から韓国軍に移管することで合意していた戦時作戦統制権を、「一五年末」まで延期する方向で米国防総省と交渉した。早期の移管が「抑止力の低下を招く」という政府内外の判断に基づくものだった。六月のカナダ・トロントでの二〇ヵ国・地域首脳会議（G20サミット）の際の米韓首脳会談で合意に至り、李大統領は米国に感謝の意を表明している。普天間問題を横目に、韓国は米国との同盟関係を強固にさせていった。

一方、四月には、防衛省を仰天させる事件が起きた。

四月一〇日、沖縄本島の西南西約一四〇キロの東シナ海の公海上を、中国のキロ級潜水艦二隻と、ソブレメンヌイ級ミサイル駆逐艦二隻など計一〇隻が航行しているのを防衛省・海上自衛隊がキャッチした。一群は、中国・東海艦隊に所属する艦船で、沖縄本島と宮古島の間を太平洋に向かって通過した。数日前から艦載ヘリコプターの飛行訓練などを実施し、監視中の海上自衛隊の護衛艦から約九〇メートルまでヘリが接近するなど、危険な行為をしていた。

これまでにない大規模な活動で、防衛省統合幕僚監部は、一三日になってこの一件を公表した。中国海軍は三月にも駆逐艦など六隻が同じ海域を航行していた。一連の活動は、外洋での作戦遂行のための訓練とみられるが、中国海軍の近代化した装備と能力を誇示するための活動という狙いもありそうだ。潜水艦や駆逐艦など一〇隻は、沖ノ鳥島（東京都小笠原村）西方で訓練し、二二日に同じルートをたどって中国に戻って行った。

「中国の海軍力はすでに米国に次ぐ能力を持っている」

防衛省幹部は、目覚しい海軍力の向上を遂げつつある中国への危機感を露わにする。すでに中国は英海軍の二倍の六六隻の潜水艦を保有し、二〇二〇年には米国に匹敵する七八隻まで増やす計画という。空母建造も計画されており、西太平洋での米国の優位性は今後侵食されていく可能性がある。米国はすでに潜水艦の六割、空母一一隻のうち六隻を太平洋配備に切り替えており、米国と中国の「海洋バトル」は激しさを増すばかりというのが現状だ。

この春、こうして日本は、北朝鮮と中国という大きな脅威を目の当たりにすることになった。短期的にも長期的にも、これらの脅威に対処するには、在日米軍の存在が欠かせないことは明らかだった。「米側からも、これらの事件を奇貨とするように、日本政府に、在日米軍の抑止力と日米同盟の重要性を何度も刷り込んできた」と、首相周辺は明かす。

二〇〇九年暮れに、いったん現行計画を白紙に戻し、新たな移設場所探しへと動いた鳩山政権だったが、ここにきて米国政府や在日米軍の重要性を認識せざるを得ない事態が起きたのである。これが、鳩山首相に「抑止力」の重要性を知らしめることになった。

だが、だからといって、沖縄の負担軽減という約束を反故にするわけにはいかなかった。

消えた「徳之島」

「辺野古回帰」を決断した鳩山首相は、新たな「沖縄の負担軽減策」へと走り出す。しかし、すっかり求心力を失う中、鳩山首相への風当たりは強かった。

鳩山首相が沖縄訪問から戻って初めて閣議が開かれたのは五月七日。閣議後、フリーディスカッションの閣僚懇談会へと移ると、社民党党首の福島瑞穂消費者・少子化担当相が、「総理の沖縄訪問という重大事があったので、本来なら基本政策閣僚委員会ですべきですが、発言させてもらいます」と、普天間問題を持ち出した。

「民主党の沖縄県連、社民党の沖縄県連など地元は、普天間の県内移設に強く反対しています。とりわけ辺野古に戻るというのはなおさらです。辺野古の海に海上基地を造るのはダメだと。だから、沖縄県民の皆さんの気持ち、思いを切り捨てるという政治はやってはならないのではないでしょうか。第二次大戦中も沖縄はやはり地上戦があって、今回も切り捨てられるんじゃないか、とか、沖縄に押し付けられるんじゃないか、という思いがすごくあると思う。辺野古に戻らないでほしい、という強い思いをこの内閣で受け止めて、内閣を挙げて、その声に応えることができるように要望します」

これに北澤俊美防衛相がかみついた。

「総理と違うことは言わないでもらいたい」

続いて岡田克也外相らが福島消費者担当相を批判する意見を述べたが、国民新党代表の亀井静香金融・郵政改革担当相が、福島担当相の言い分も分かる、と救いの手を差し出した。

閣僚懇談会終了後、福島消費者担当相が亀井郵政担当相を呼びとめ、「亀井さん、ありがとうございました」と礼を述べると、「だって君の立つ瀬がないじゃないか」と亀井郵政担当相は気遣った。

福島、亀井両氏は四月三〇日、東京・紀尾井町の日本料理店で食事した。その席で、亀井郵政担当相は、「鳩山首相に電話して、『社民党を大事にしろよ。アリの一穴というのがある。細川政権がなぜ倒れたかも、そのせいだ』と言っておいたよ」と、明かした。一九九三年、自民党単独政権を崩壊させ、非自民連立政権を樹立した細川護熙《もりひろ》内閣は翌年、事実上の消費税増税となる国民福祉税構想を急に持ち出し、それが頓挫。当時閣内にあった社会党（社民党の前身）が政権離脱をちらつかせ、結局、細川内閣退陣後に政権を離脱した。

閣僚懇談会での連携プレーは、鳩山政権内に亀裂が生まれ、連立離脱へと傾く社民党をなんとかつなぎとめておきたい、という国民新党の危機感の表れでもあった。三党連立が崩れれば、国民新党の存在感は一気に薄まる。国民新党の一枚看板でもある郵政改革法案が国会で成立すれば、「うるさい存在」と煙たがられていただけに、民主党が排除に動く可能性もある。

社民党の連立離脱を招きかねない普天間問題は、移設先がどこになるか、というのとは別の視点で「死活問題」だった。

反発を強めたのは、社民党だけではなかった。

それは異様な会談だった。同じ七日午後の首相官邸。訪れたのは、鹿児島県・徳之島の大久幸助天城町長、大久保明伊仙町長、高岡秀規徳之島町長と、伊藤祐一郎鹿児島県知事ら、鳩山首相の「徳之島案」の地元関係者らだった。会談は一時間一〇分に及び、冒頭一〜二分が報道陣に公開される通常の取材と違い、二五分間もオープン取材が許された。鳩山首相は、徳之島に普天間飛行場の海兵隊の航空部隊のうち、最大一〇〇〇人の移転、または一部訓練を移転させる案を軸に米国と交渉を進めていた。

鳩山首相「徳之島のことに関して、大変な混乱、ご迷惑をおかけしたことをおわびしたい。普天間の危険性を除去しなければならないという思いの中で、大変厳しい状況であることは十分理解しているが、普天間の機能の一部をお引き受けいただければ大変ありがたい」

伊藤知事「総理からお話がございましたが、反対の立場であると申し上げさせていただきたい」

この後、三町長は、移設反対の島民二万五八七八人分の署名三束を鳩山首相に手渡した。

大久町長「徳之島は農業立島で、ほとんどが三町とも農業で生活しています。基地が建設されるとそれがダメになる。農家は断固反対です。徳之島には奄美のクロウサギのほか非常に自然が豊かで貴重な動植物があります。今後、農業と観光で自立させることができます」

大久保町長「徳之島は長寿世界一の島です。子宝を日本の中のモデルにしていこうという決意をしています。その中で基地問題はまったくそぐわない話です。どんなことがあってもいかなる施設も造らせないという私たちの民意は絶対に変わることはありません」

高岡町長「普天間基地移設の必要性は十分認識します。しかし、三月の徳之島町議会で、全会一致で基地受け入れ反対の決議がなされました。民意は断固反対であることをどうかご理解賜りたい」

一通り、出席者が発言したところで鳩山首相がいったん引き取った。

「奄美大島、徳之島には行きたいなあと、憧れていました。そのような島にお願いすることの非情さを申し訳ないという気持ちでうかがっていました。どうしても沖縄周辺の地域に普天間の移設先、機能を求めなければならないという現実の姿もある。もうこれ以上申し上げるつもりはありませんので、皆さん方の心情を吐露していただければと思います」

報道陣の冒頭取材が終わった後の具体的な協議ではより踏み込んだ議論が交わされた。

鳩山首相は何度も食い下がった。

「一部の部隊の移転が無理であれば、訓練だけでも受け入れてもらえませんか」

三町長は繰り返し突っぱねた。

「どんな機能であれ、どんな訓練であれ、受け入れることはできません」

最後に首相は、「徳之島の方々に理解される範囲内で協力いただけないか、これからも意見交換したい」と告げた。

しかし、大久町長は会談終了後、記者団に「何十回会おうと平行線だ」と述べ、これ以上は交渉に応じない考えを示した。

鳩山首相の直談判は失敗に終わり、徳之島案は事実上ついえた。鳩山首相が期限としていた「五月末」の完全決着も絶望視された。この後、平野博文官房長官が二度にわたって鹿児島市に飛び、移設賛成派を含めた地元町議らと面会したが、事態打開には至らず、むしろ、マイナスに働いた。

五月一六日に移設賛成派の住民一四人と会談した際、徳之島三町の借金（公債）の棒引きなど、住民側が示した移設受け入れの七条件にすべて応じる意向を示していたことが毎日新聞の報道で暴露された。大胆な地域振興策で事態の打開を図るのが狙いとみられるが、「カネ」と引き換えに米軍の受け入れを迫る交渉手法だった。なりふり構わぬ姿勢には、徳之島にこだわる政府側の焦りがにじんだ。

「パッケージ案」と負担軽減策

鳩山政権は五月一〇日、鳩山首相と、岡田外相、北澤防衛相、前原誠司沖縄・北方担当相、平野官房長官の四閣僚による会議で、普天間移設に関する政府案の骨格を決定した。この段階では公表されなかったが、ポイントは次のようだった。

一、普天間飛行場を米軍キャンプ・シュワブ沿岸部（沖縄県名護市辺野古）か沖合に杭打ち桟橋方式で滑走路を建設して移転する。
二、鹿児島県・徳之島に普天間の海兵隊部隊の一部か訓練を移転する。
三、米軍嘉手納基地（沖縄県嘉手納町、沖縄市、北谷町）の戦闘機訓練などを全国の米軍や自衛隊基地に移転し、ローテーション方式で実施する。
四、久米島、鳥島の射爆撃場や太平洋上の「ホテル・ホテル訓練区域」の一部を返還する。

つまり、普天間移設とセットで沖縄の負担軽減策を盛り込んだ「パッケージ案」だった。だが、米政府はあくまで二〇〇六年の日米合意に示された辺野古埋め立てに固執し、徳之島案も地元の反対で事実上つぶれている。しいていえば、騒音被害への苦情が多い嘉手納基地の訓練移転が目玉だったが、これも〇六年合意のロードマップに盛り込まれた項目で、目新しさはなかった。

一方、社民党は一〇日夜、党本部で幹部らが会合を開き、鳩山首相が掲げる「五月末決着」を見送り、米領グアムや米自治領の北マリアナ連邦テニアンへの移設を政府に引き続き働きかける方針を確認した。

この日決定された骨格案をベースに、日米の外務・防衛当局による審議官級協議が一二日からワシントン郊外の米国防総省で始まった。大詰めの協議を任されたのは、冨田浩司外務省北米局参事官、黒江哲郎防衛省防衛政策局次長、須川清司内閣官房専門調査員らだった。須川氏は、これまでも鳩山首相の就任以前からたびたび米国に派遣され、「鳩山名代」として米政府高官らと協議を重ねていた。米側からはジョセフ・ドノバン筆頭国務次官補代理、マイケル・シファー国防次官補代理らが出席した。

日本側は、移設先は「辺野古周辺」で、現行計画のV字形の二本の滑走路から、一本の滑走路（一六〇〇メートル、オーバーランを含め一八〇〇メートル）に変更し、工法も埋め立てから、杭打ち桟橋方式とする修正案を提示した。

米国側の反応は厳しかった。

「杭打ちでは、テロ攻撃の対象となり、工期も長くなる」

さらに、海洋環境への影響にも触れ、受け入れは困難と指摘した。普天間の一部航空部隊の移転についても、「陸上部隊との一体性から、移転は不可能だ」と拒否した。

鳩山首相は一三日、「五月末決着」を断念する意向を正式に表明した。

「国民との約束の中でできる限りのことはするが、すべて果たされるかどうかもあり、六月以降も詰める必要があるところがあれば努力する」

政府案の骨格への風当たりが強いとみるや、鳩山首相は、代替施設の工法や構造の詰めの作業よりも、沖縄の負担軽減策へと傾斜していく。

「海兵隊の実弾射撃訓練を受け入れている場所は、すべて普天間のヘリ部隊訓練も移転できる。技術的に北海道でもできる。地元をお願いして歩いてもいい」

一七日、鈴木宗男衆院外務委員長は鳩山首相にこう伝え、地元・北海道に訓練移転が可能かどうか打診することを約束した。鳩山首相も「そういった空気になればありがたい」と喜んだ。

日米実務者の審議官級協議では、首相の肝いりで「普天間代替施設の自衛隊と米軍の共同使用」を提示した。将来的な自衛隊の管理をにらんだもので、いわば「常時駐留なき辺野古」だった。

しかし、どれも評価は芳しくなかった。訓練移転は「総論丸投げ」の首相に地方自治体が困惑し、自衛隊共同使用は「沖縄の自衛隊に対する複雑な感情を理解していない」と冷ややかに受け止められた。

米側との交渉は最後まで厳しい局面が続いた。現行計画に基づいて進められてきた環境影響評価（アセスメント）を巡り、「二〇一四年までの完成」目標への影響を避けたい米側は「現行アセスの範囲内で可能な修正」を要求。しかしそれでは「環境配慮型埋め立て」工法の余地がなくなる。

二〇日の関係閣僚会議では激論になった。

北澤防衛相「米国の言う通りにしないとまとまらない」

岡田外相「いや、交渉の余地はある」

岡田外相は「米国寄り」とされたが、最後は首相が掲げる「環境工法」を後押しした。後にこの修正案は五月二八日に発表される共同声明で「著しい遅延がなく完了できる方法」との表現に落ち着き、岡田外相は「アセスをやり直す可能性が残せた」と成果を強調した。

訓練の県外移転では、このほかにも鳩山首相には「腹案」があった。騒音や危険を排除する、一見奇抜なアイデアだったが、真剣に考え、防衛省にも検討を指示していた。

ヘリ空母を利用して洋上訓練を行う——というのが、それだった。海上自衛隊のヘリコプター搭載護衛艦「ひゅうが」（基準排水量一万三九五〇トン、全長一九七メートル、横須賀基地所属）を活用する案で、沖縄の負担軽減策の目玉としたい意向だった。

「ひゅうが」は海自最大の護衛艦で「ヘリ空母」型。ヘリ三機を同時運用でき、約一〇機を搭載できる。日米合同演習にも参加している。鳩山首相は後の毎日新聞とのインタビューにこう答えている。

「これが三艦から四艦あれば（ヘリが）四〇機くらい積める。日米の共同訓練もできる。案は消えていない。引き継いでもらいたい」

日米共同声明の発表に合わせた記者会見で発表することも考えた、という。しかし、普天間の海兵隊航空部隊は県内駐留の陸上部隊と訓練しており、防衛省は航空部隊のみの洋上訓練に慎重だった。北澤防衛相は毎日新聞の取材に「鳩山前首相から指示はまったく受けていない」と否定。実現のめどは立っていない。

「オバマさんは最初から『辺野古』だから」

鳩山首相にとって、消費者・少子化担当相の社民党の福島党首は身近な存在ではなかった。名門・鳩山家に生まれ育った「おぼっちゃん」の鳩山首相に対し、「人権派」として鳴らした名うての弁護士の福島党首。ただ、「脱米」を志向する点では互いに理解しあうところがあった。

そんな二人が、普天間問題が大詰めを迎えていた五月一七日午後、首相官邸で会談した。

「総理の良いところは、頭が良くてやさしくて、共感力があるということですよ。辺野古の海を埋め立てるというのが自然への冒瀆だ、というのはその通りですよ。埋め立てでなくて、杭打ち桟橋でも、サンゴへの大きな影響が出て一緒ですよ。鳩山さんのやさしさがウソだっていうことになれば、この政権はどうなるんですか」

福島党首は、おだてながら辺野古断念を迫り、改めて国外移設を持ち出した。

「とにかく沖縄は辺野古には反対です。グアム、テニアンに移設するようアメリカに言ったらいいじゃないですか」

国外移設を重ねて求める福島党首に、鳩山首相は元気なく答えた。

「アメリカは県外や国外はダメだというんだ。オバマさんは最初から『辺野古』だから……」

福島党首はさらに詰め寄った。

「地元がこれだけ反対している中で辺野古に決めたって、実現できませんよ。実現不可能な案ですよ。これでは自公政権と一緒じゃないですか。辺野古ということでは社民党は厳しい対応をせざるを得ませんよ」

鳩山首相はこれには答えず、会談は物別れに終わった。

総理はもうあきらめている、辺野古以外の選択肢はないと……。会談後、福島党首はそう感じ取り、決意を固めた。その思いを知人にぶちまけた。

「私は裏切り者と後ろ指さされる変節はしたくない。下手な与党だったら下野したほうがいい。社民党は裏切り者になったら生きていけない。政権に残ったって辛いだけ。これからは『沖縄を切り捨てることは、社民党を切り捨てることだ。平和を切り捨てることだ。人権を切り捨てることだ』って言っていきますよ。自分から閣僚を辞任したり、社民党が離脱したりなんてない。（政府対処方針は）閣議決定でやればいい。そうしたら私は絶対反対して署名しない。『私はこれまでやってきた仕事を放り出したくない』って。それでも総理が罷免するというならやればいい。切れるもんなら切ってみろ。でも首を切られる寸前まで、私、叫び続けるよ」

「闘士」の姿が、そこにはあった。

深まらぬ「抑止力」論議

五月四日の沖縄訪問で鳩山首相が口にした「抑止力」。しかし、なぜ海兵隊が沖縄に必要か、という議論は皮相的な範囲にとどまり、具体的な議論として深まることはなかった。それは国会でも同じだった。

五月一八日、参院外交防衛委員会では、自民党の佐藤正久参院議員が「抑止力」問題を取り上げた。佐藤議員は、防衛大学校卒業後、陸上自衛隊に入隊。米軍主導のイラク戦争の最中、自衛隊のイラク派遣で第一次復興業務支援隊長を務め、「ひげの隊長」として知られた。ゴラン高原ＰＫＯでも輸送隊長の経験があり、海外での任務にたけた元自衛官だ（最終階級は一等陸佐）。

佐藤議員は、沖縄海兵隊の役割について「在日米軍唯一の地上打撃力。一部の機能は沖縄に置いておかないといけない、ということが総理の（沖縄での）発言につながったと認識している」と説明したうえで、鳩山政権内の分裂を巧みに突いた。

佐藤議員「社民党あるいは民主党の一部にある、普天間基地をグアムやテニアンに持っていくという考えについてどういう認識をお持ちですか」

北澤防衛相「そのことにくみして米側と交渉することはなかなか難しい」

佐藤議員「ただ、（社民党党首の）福島大臣は公言してはばからない。抑止力について福島大臣と話されたことはありますか」

北澤防衛相「特段抑止力について二人で顔を合わせて協議したことはありません」

佐藤議員「そこが問題だと思いますよ。福島大臣がそういうことを理解して言っているふうには思えない。福島大臣がテレビでグアム、テニアンと言えば言うほど鳩山首相の信頼性が落ちると思いますよ。日本の安全をどう考えているのか、やっぱりもっと話し合うべきですよ」

佐藤議員は北澤防衛相に、「沖縄海兵隊の日米同盟上の役割」を重ねて聞いたが、答弁に立とうとしたのは安全保障問題に詳しい長島昭久防衛政務官。「たまには防衛大臣、答えてくださいよ。すべて長島政務官に振るのは、悲しいですよ、ちょっと」と皮肉を込めたが、長島政務官がそのまま答弁した。

「米海軍、米空軍、米陸軍と総合的に地域における抑止機能というものを果たしているその一翼を担っている。場合によっては、朝鮮半島で何か起こったときには、まっさきに飛び込んでいく可能性のある部隊だという認識です」

佐藤議員もこれに呼応して、①わが国に対する防衛、②朝鮮半島なり台湾海峡なりでの事態がわが国に波及することへの予防、③アジア太平洋地域での災害派遣や訓練——の三点を指摘した。さらに佐藤議員は、沖縄県・尖閣諸島で有事の際の対応にも突っ込んで質問した。「ある国に先に取られた場合、自衛隊だけで奪還する力はありますか」。明らかに中国を念頭に置いた発言だった。

「当然これは日米共同で対処する。米国の海兵隊、海軍、空軍の戦闘力は大変重要な要素だと認識しております」

長島政務官の答弁は率直だった。これを佐藤議員が補った。

「強襲上陸作戦能力は、自衛隊は限定されている。これは海兵隊が持っている。それを考えたうえで、普天間問題を説明していかないと、グアムとかテニアンとか北海道というわけにはいかない」

長島政務官はこのとき、鳩山首相から「抑止力について分かりやすく説明するためのメモを作成してほしい」と指示され、自分なりの考えを整理して論戦に臨んでいた。この後も普天間問題の議論が続いたが、一定の理解が深まったのは、沖縄の海兵隊の「役割」についてだけだった。

二〇日午後には、鳩山首相を支持するグループ「政権公約を実現する会」の勉強会が国会内で開かれた。ゲストは、李赫《リヒョク》韓国大使館首席公使。沖縄の抑止力についての質問にこう回答した。

「韓国の安全保障の観点からみれば、やはり沖縄の米軍の存在は非常に大きい抑止力になるのではないかと思う。韓国戦争（朝鮮戦争）の場合にも、（日本に駐留した）海兵隊がまずは上陸作戦をして北朝鮮の侵略を排した。海兵隊の上陸作戦が戦況を変えたという事実もあるので、韓半島（朝鮮半島）で再び戦争が起こらないようにするには、やはり北東アジアにおいて米軍のプレゼンスが非常に大きな存在になっている」

そしてこう付け加えた。

「実際に物理的な抑止力と心理的な抑止力の両方を担っているのではないかと私は思う」

しかし、結局のところ、それが「なぜ沖縄でなければならないのか」について、国会論戦では明快な答えを出せなかった。あくまで「国外・県外」を主張する社民党をねじ伏せるだけの説得材料はなく、その後も議論が収束に向かう手助けにはならなかった。鳩山政権は、「抑止力の本質」を置き去りにしたまま、あとは「沖縄の負担軽減」の最大の目玉として、訓練の分散移転の計画捻出に腐心していく。

土壇場の社民党

社民党党首の福島消費者担当相が政府対処方針への閣議での署名拒否を表明する一方、これに抵抗するかのように社民党幹部らは連立離脱回避に向けた水面下の動きを活発化させた。

重野安正幹事長、阿部知子政審会長、照屋寛徳国対委員長の三人が首相官邸に平野官房長官を訪ねたのは、五月二六日昼だった。重野幹事長ら三氏は、二〇〇九年暮れ、年内決着を阻止するため小沢一郎幹事長ら民主党幹部らに働きかけを強めた中核メンバーだった。

社民党はこの日朝、国会近くの党本部で三役会議と常任幹事会を開き、政府が二八日に発表する予定の日米共同声明から普天間飛行場の移設先となる「辺野古周辺」の文言を削除するよう求めることを確認していた。常任幹事会冒頭、又市征治副党首はテレビカメラを前に切り出した。

「日米共同声明に『辺野古』に建設、とある限り、社民党は（政府対処方針に）署名をしない。これは党首個人の判断ではなく、社民党の判断です」

　この方針に党内から異論は一切出なかった。

「辺野古に基地を造ることを前提とした共同声明がなされ、それを前提にした中身が（政府対処方針として）閣議で確認される場合、社民党として反対だと確認した」

　一連の会議終了後、福島党首は記者団に力強く語った。対処方針への署名を拒否すれば、消費者担当相を罷免されることも織り込んだうえだった。福島党首を筆頭に表向き強硬路線で突き進むしかないように見えた社民党だが、重野幹事長らは連立離脱回避の方策がないか、平野官房長官に直談判に及んだというわけだった。

「この書類、全部、基地の関係です。この部屋が全部、基地になっちゃって」

　自室に三人を招き入れた平野官房長官は、机やテーブルのあちこちに積み上げられた書類の山を指しながら、冗談まじりに切り出した。だが、笑いはすぐに消えた。

「今思えば、昨年一二月、社民党の党首選のときにいろいろあって、僕が年内決着にストップをかけた。あれは間違いだったのかな、とずっと思っているんです。あのとき、決めておけばなあと」

「結論越年」の原動力となった社民党の抵抗に再び直面し、恨み節のようにも聞こえた。実務的な協議に入ると、平野官房長官は手の内を明かした。

「日米共同声明には『辺野古』は入れます。ただ、工法や技術的な部分は八月末まで先送りします。それを受けて、閣議決定か閣議了解する文案には、『辺野古』は明記せず、で私が文案を整理しています。それでご理解いただきたい」

「辺野古」に反発する社民党への最大限の配慮を示すため、平野官房長官は、日米共同声明を受けて政府の対応を決める「政府対処方針」の文案を示した。

この妥協案は鳩山首相には内々に説明してあったが、まだ伝えていない岡田外相や北澤防衛相が反対するであろうことは明白だった。

「防衛大臣や外務大臣が了とするか分かりません」

照屋国対委員長は、日米共同声明に「辺野古」を盛り込むこと自体に改めて反対し、あとは堂々巡りとなった。

照屋国対委員長「日米合意に『辺野古』が明記されるんですか？　それは厳しいよ」

平野官房長官「日米合意を踏まえて、ということにしますよ。幅をもたせます。地元の合意も大事だ」

阿部政審会長「沖縄県民の反対は非常に強い。状況は前よりもシビアになった。実効性がないんですよ」

平野官房長官「沖縄県民の理解を踏まえつつ、という文書にします」

照屋国対委員長「日米合意は閣議決定か」

平野官房長官「閣議決定です。でも実際は先送りなんです。八月末までに工法はどういうものができるか。それでＯＫになるかどうかはオバマさんが日本に来る前の九月末ぐらいまでに意思決定しましょうと」

照屋国対委員長「日米合意に基づいてとなれば、（政府対処方針に）『辺野古』を明記しなくても国際公約として日米合意が優先されてしまう」

しびれを切らした平野官房長官は、すでに四一ヵ所の候補地を精査した結果、やはり「辺野古」になったと強調し、「明日中に与党首脳の基本政策閣僚委員会を開かせてもらいます。もう日米共同声明の内容を直すことはできません」と通告した。

「我々としては、従来のＶ字形の代替飛行場も大幅に変更する。（政府対処方針では）環境面とか沖縄の負担軽減も入れます。阿部さんは『沖縄の合意』に変えろというが、外務、防衛（の大臣）が何と言うかだなあ。総理と外務（大臣）、また大喧嘩ですよ」

苦しい立場を説明する平野官房長官に、最後は重野幹事長が引き取った。

「じゃあ、官房長官の説明を受けて我々も議論します。五月末のタイムリミットには反対だが、もう進んでいることを否定してもしょうがない」

照屋国対委員長は「党首がどう判断するかだなあ」とつぶやいた。

別れ際、平野官房長官は「昼食にカレーを用意してあります。食べていってください」と誘ったが、三氏は辞退して部屋を出た。

協議結果を持ち帰った重野幹事長らから報告を受けた福島党首は、日米共同声明から「辺野古」の文字を削除しない政府の考えを確認し、閣僚の署名を必要とする閣議決定文書への署名を拒否するしかない、と腹をくくった。注目された二六日午後の記者会見で、福島党首は言い切った。

「閣議決定の文書（政府対処方針）に辺野古の文字が入らなくても、（辺野古を明記した）日米合意が前提なら閣議で賛成しない。（使い分けは）二重基準であり、国民の理解はまったく得られない。（政府対処方針に）私はサインしない」

社民党内は、この党首発言に騒然とした。重野幹事長らが活路を開こうと躍起になる中、福島党首がかたくなな態度を崩さないことに、党内からは「党首批判」が公然化した。福島党首と距離を置く又市副党首らが前言を翻し、署名を迫った。

二七日夜、国会内で開いた社民党幹部会で、又市副党首らが福島党首を囲み、連立離脱に直結する署名拒否を翻意させようと必死に説得した。

重野幹事長「署名を拒否すれば連立離脱だ。そうなれば社民党の主張が政権内で反映されなくなる。そうなれば沖縄のためにならない」

又市副党首「連立離脱をめぐって党が分裂する事態になってもいいのか」

福島党首「署名を拒否することが沖縄のためじゃないですか。辺野古の文字が入るのなら、署名を拒否するのは党の常任幹事会で決めたことだ」

激しい応酬の末、又市副党首が口走った。

「そこまで言うなら、あんた、まず党首を罷免するぞ」

それでも福島党首は妥協を許さず、重苦しい空気に包まれたまま散会し、記者団には「結論は明日（二八日）に持ち越した」と表向きつくろった。

しかし、重野幹事長らの説得に期待をつないだ鳩山首相、平野官房長官はこの夜、福島党首の決心は固いと判断し、「福島罷免」もやむなしに舵を切った。

「沖縄の負担を全国で分かち合う」との理想を盾に続投を目指した最後の「賭け」に出た鳩山首相だったが、惨憺たる結果に終わった。

社民党騒動の合間を縫い、二七日に緊急に開催した全国知事会で、「沖縄の米軍機訓練受け入れ」を要請したが、「辺野古回帰」が大前提で、社民の連立離脱騒動も招いた政権に説得力は乏しく、反応したのは北海道と大阪だけ。結果的には、「本土はしょせん人ごと」と沖縄に与えたショックは大きかった。「今さら無意味だ」。首相周辺には、鳩山首相の苦し紛れの行動と映った。

「沖縄の負担を全国で分かち合おう」との提案は、実は米海兵隊岩国基地を抱える山口県岩国市から、四月の段階で寄せられていた。

「基地負担は全国に分散するべきだ」

岩国市議から問題提起を受けた民主党の石井一選挙対策委員長が、長島防衛政務官に依頼し、「普天間岩国移設案」を非公式に作成した。こういう内容だった。

一、米軍三沢基地（青森県三沢市）のF16戦闘機を撤退させる。
二、岩国に移転する予定の米軍厚木基地（神奈川県綾瀬市など）の空母艦載機を三沢に移転する。
三、普天間飛行場の固定翼機と回転翼機を岩国基地に移転。

ただ、これこそ〇六年日米合意の大幅な変更が必要で、米側との協議が必要な話だった。石井選対委員長はこの「石井私案」を四月九日、首相官邸に持っていった。応対した平野官房長官はすぐぴんときて、受け取った後、長島防衛政務官に電話した。

「あれ作ったの、おぬしやろ。もうこれ以上、話をややこしくせんといてくれ」

せっかくの沖縄県外からの協力の申し出だったが、何しろ五月末の期限まで一ヵ月余りしかない段階。「沖縄の負担を分かち合いたい」という声を吸い上げられる余裕は、とてもなかった。

とはいえ、土壇場で全国知事会をぎょうぎょうしく開催し、鳩山首相が居並ぶ知事に対して依頼するなどという手法は稚拙きわまりない。

首相官邸内では一時、こんな奇策も浮上した。

「沖縄問題に通じた自民党の野中広務元官房長官に、『首相特使』として全国行脚してもらってはどうか」

鳩山政権内に、沖縄の基地問題の重みを知り、発言力と行動力を持ったベテラン政治家が不在であることの裏返しだった。

結局この提案は採用されず、全国知事会招集となる。提案した官邸関係者がこぼした。

「各県知事は軒並み慎重論。あれで沖縄は怒った。完全に逆効果だった」

連立離脱

二八日早朝（米東部時間二七日夜）、鳩山首相は普天間問題の合意を盛り込んだ日米共同声明を確認するため、米大統領専用機エアフォースワンで移動中のオバマ米大統領と衛星回線をつないで電話協議した。共同声明は、日米の外務・防衛担当閣僚による日米安全保障協議委員会（2プラス2）が合意した文書で、日本側は岡田外相、北澤防衛相、米国側はヒラリー・クリントン国務長官、ロバート・ゲーツ国防長官の四人の連名。普天間飛行場の移設先を、沖縄県名護市のキャンプ・シュワブの「辺野古崎地区及び隣接する水域」と明記していた。

鳩山首相は電話協議後、首相公邸前で記者団の質問に答えた。強張った表情にみえたが、淡々と協議内容の一端を説明した。

「日米関係をさらに深化させようと。普天間問題に関して、日米2プラス2で合意できたことを、先方も大変感謝していた」

一方、米ホワイトハウスも協議の概要を発表。「両首脳は、（韓国哨戒艦沈没事件など）最近の事案は日米同盟の重要性をさらに強調した。（普天間移設問題では）運用上実現可能で、政治的にも維持できる計画に到達したことに満足の意を表明した」

オバマ大統領が鳩山首相と電話協議する直前、ワシントン郊外のアンドルーズ空軍基地から地元シカゴに向って離陸したエアフォースワンの機内はちょっとした騒ぎになっていた。一緒に乗り込んだオバマ家の愛犬ボーが、記者団が座るキャビンに突然、乱入。上着を脱いでリラックスした大統領が後について姿を見せた。

ボーは黒色の子犬、ポルトガル・ウオーター・ドッグ。大統領は跳び回る愛犬の姿に目を細め、権力闘争の街・ワシントンでなぜ犬を飼うのかにまつわる有名なジョークを飛ばした。

「真の友人なんていないからね」

オバマ大統領との電話は、社民党の反対を振り切って臨んだ。この結果、社民党の連立離脱は不可避な情勢となった。オバマ大統領は、普天間問題について、民主党の政権交代後の政策レビューを辛抱強く待ったが、「辺野古案」を譲る考えは当初からなかった。連立と米国の双方からの圧力に挟撃されていた鳩山首相も、自らが招いた混迷劇とはいえ、「孤独」だったに違いない。オバマ大統領のジョークは、皮肉にも鳩山首相の境遇をえぐるのにぴったりの表現だった。

内部のまとまりがつかないうちにタイムリミットを迎えた社民党は、前夜に続いて二八日正午から両院議員懇談会を開いたが、ことここに及んでは、政府対処方針への「署名拒否」方針を再確認するしか選択肢はなくなっていた。

「よもや辺野古に戻ることはないと思っていたので、とても残念だ」

福島党首は精一杯の力を込めて記者団に語った。あとは署名拒否、閣僚罷免というすでに決まっているプロセスをこなすだけだった。

福島党首はこの日の昼、思わぬ人物から電話を受けた。民主党の小沢幹事長だった。

「あんたたちの言っていることが正しいよ」

小沢幹事長は福島党首に同情を寄せた、という。

二八日夜に設定された臨時閣議。それに先立ち午後六時から始まった与党三党の党首級でつくる基本政策閣僚委員会。鳩山首相と福島消費者担当相が交わす最後のことばは冷え冷えとしていた。

鳩山首相「日米共同声明を受けた政府文書に署名していただけないか」

福島担当相「できません。署名はしません」

説得をすぐにあきらめた鳩山首相は、「敗戦処理」に入る。福島消費者担当相を個別会談に誘い、途中から加わった平野官房長官が「辞任ということはないですか」と淡々と辞任を促したが、福島消費者担当相はぴしゃりと言い返した。

「私は変わっていません。変わったのは政権のほうです。辞任はしません」

福島消費者担当相に示された政府対処方針は、つい二日前に平野官房長官が作成し、社民党の重野幹事長らに示された原案とはがらりと変わっていた。「辺野古は明記しない」という平野官房長官の説明から一転して「辺野古」が盛り込まれ、これも平野官房長官が土壇場で模索した、閣僚の署名が不要な「首相発言」という形式も、やはり「閣議決定」に戻っていた。

社民党を切るための単なるセレモニー。福島消費者担当相は苦い思いを胸に、大勢の記者を振り切って首相官邸の玄関を出た。その直後に設定された臨時閣議に、福島消費者担当相の姿はなく、鳩山首相は淡々と罷免する手続きを行った。戦後、現行憲法下での閣僚罷免は過去四回しかなく、福島消費者担当相で五人目。個別の政策決定をめぐる署名拒否に伴う罷免は初めてだった。

この直前、党本部で記者会見した福島党首は苦渋の表情をうかべて声を絞り出した。

「私を罷免することは、沖縄を切り捨て、国民を裏切ることだ」

そして普天間迷走を振り返った。

「政治家たちが肩ひじを張りすぎて、『全部自分たちが考えるんだ』という発想の中で、優秀な官僚の知識、知恵を提供（してもらうことを）せずに行動してきたきらいがあった」

鳩山政権の「政治主導」の未熟さを認め、会見中、自省を込めて「おわび」を七回も繰り返した。

社民党はこの後、「連立のあり方について重大な決定をせざるを得ない」という「抗議声明」を発表、鳩山政権への決別を事実上決断した。三〇日の全国幹事長会議と常任幹事会で、連立離脱を正式決定。八ヵ月あまりの鳩山連立政権は、一角が崩れ、政権崩壊への道を転げ落ちていく。

辞任への伏線

「戦後初めて選挙による政権交代を成し遂げた国民の大きな期待で誕生した新政権の責務として、大きな転換が図れないか真剣に検討しました。普天間の代替施設を県外に移せないか、徳之島はじめ全国の地域で少しでも引き受けていただけないか、私なりに少しでも努力してきた。私が当初、思い描いた沖縄県民の負担や危険性の抜本的な軽減に比較すれば小さな半歩かもしれませんが、私たちは前進しなければなりません」

福島消費者担当相を罷免し、日米共同声明を受けた政府対処方針を閣議決定した後の二八日夜、鳩山首相は官邸で記者会見に臨んだ。「公約」は果たせなかったが、精一杯の努力はした、という釈明会見だった。

「県外移設」から県内の「辺野古」へと回帰せざるを得なかった理由も説明した。

「最近における朝鮮半島情勢など、東アジア情勢は極めて緊迫しています。日米同盟が果たしている東アジアの安全保障における大きな役割をいかに考えるか。日本国民の平和と安全の維持の観点から、さらには日米のみならず東アジア全域の平和と安全秩序の維持の観点から、海兵隊を含む在日米軍の抑止力についても、慎重な熟慮を加えた結果が、本日の閣議決定でございます」

三月から四月にかけての、韓国哨戒艦沈没事件や、中国海軍の壮大な規模での外洋展開訓練を示唆しながら、「在日米軍の抑止力」に触れた。米政府からは「日本政府は東アジアの現状を分かってくれた」というメッセージが送られた。

二〇〇九年七月一九日の沖縄市での「最低でも県外」発言から一〇ヵ月余り。繰り返し揺れた鳩山首相の発言は連立政権と国民の不信を増幅させ、最後は「五月末決着」という体面を重視して、「辺野古」に回帰し、連立崩壊をもたらした。「脱米」を目指した鳩山政権は結局、自民・公明政権時のプランに戻り、「服従の意味を込めて、『服米』だ」（自民党幹部）とまで揶揄されるハメになった。日米関係について言えば、「ブッシュ・小泉」で強固な絆を築いた自民党政権時に比べて、関係を深化させるどころか、悪化させてしまったのは間違いない。

鳩山首相の政権運営が、重大な岐路に差し掛かっていたのは、だれの目にも明らかだった。しかし、このころ、首相周辺からは「総理は辞任などまったく考えていない」「まだまだやる気満々だ」という声がしきりに漏れた。

だが、閉塞感が募り、行き詰った政権運営を打開するだけの意欲と熱意は、鳩山首相からはすでにうせていた。

平野官房長官ら首相周辺では、子ども手当や高校無償化を盛り込んだ二〇一〇年度予算が執行されれば、政権浮揚につながる、と楽観的に見ていた。しかし、マスコミ各社の世論調査の内閣支持率は三割台に落ち込み、惨憺たるものだった。

鳩山首相が、いずれ辞任しなければならない事態になるかもしれない、と思い始めたのは、実は四月に遡る。膠着状態に陥った普天間問題も悩みの種だったが、もっと深刻だったのは、「政治とカネ」の問題だった。

四月三日夜、京都市左京区にある電子機器メーカー「京セラ」のゲストハウス「和輪庵」。民主党政権の後ろ盾として知られ、京セラ名誉会長で日本航空会長の稲盛和夫氏の呼び掛けで、鳩山首相と小沢一郎幹事長が、稲盛氏を交えて会食した。一九五九年に稲盛氏が創業した「京都セラミック」は、八二年に現在の社名に変更。その後、通信分野で急成長し、今は世界有数の企業に発展した。稲盛氏は積極的に政治との関わりも持ち、小沢幹事長とは新進党時代からの付き合い。

鳩山首相はこの日、朝から滋賀県入りし、東近江市の市立ひまわり幼児園や京セラ滋賀八日市工場などを視察、大津市の琵琶湖ホテルでは民主党滋賀県連と連合滋賀の幹部との会合に出席し、その後に小沢、稲盛両氏が待つゲストハウスへと駆け付けた。

約二時間の会食では、七月に迫った参院選の情勢分析が話題の中心だった。二〇〇九年の政権交代後、鳩山首相と小沢幹事長の「小鳩」コンビの次の目標は、この参院選で民主党が単独過半数を獲得し、衆参両院で多数派となることだった。

「それで政権は盤石になる」

小沢幹事長は、口がすっぱくなるほど周辺に繰り返し訴えていた。しかし、現状は、単独過半数どころか、野党・自民党に勝利を許しかねない状況で、参院民主党には危機感が募っていた。稲盛氏が逆境を反転させるための一つの提案をした。

「参院選の状況は極めて厳しい。政治とカネの問題がある。鳩山さんと小沢さんが一緒に謝罪する会見をしてはどうか」

提案は、鳩山首相の胸を突いた。

〈今の自分は何なんだ〉

鳩山首相はこのころ、こんな自問自答を繰り返していた。一九八八年に発覚し、政界・官界を大きく揺るがしたリクルート事件。自民党だけでなく野党にもはびこる政治腐敗を糾弾するため武村正義氏、田中秀征氏ら自民党若手で「ユートピア政治研究会」を結成。オープンな政治、政官財の癒着排除を訴えた。それでも政治改革はできず、九三年に自民党を離党、ユートピア政治研究会を母体とした新党さきがけの結党に参画。クリーンな政治を目指して九六年に旧民主党を結党した。

しかし、当時の思いは、自ら招いた政治不信ですっかり色あせてしまった。偽装献金事件で政治不信を増幅させてしまった負い目があった。内閣支持率の急落を目の当たりにし、国民が自分の声に耳を傾けてくれなくなった、と苦しんだ。政治家が、しかも首相が発することばを国民が聞こうとしないのであれば、政治家失格、首相失格だった。

「いいですよ。やります」

鳩山首相は、稲盛氏の提案に即座に賛成した。鳩山首相にとっては「最後の賭け」という気持ちもあった。

しかし、小沢幹事長はこの提案を退けた。小沢幹事長も自らの資金管理団体「陸山会」による土地取引を巡る政治資金規正法違反事件で、元秘書らが逮捕され、自身も東京地検特捜部に事情聴取される事態に発展した。しかし、検察との徹底抗戦を誓い、東京地検の不起訴処分で「検察当局が公平公正な捜査をやった結果だ」と潔白を主張していた。

普天間問題以上に「政治とカネ」が重くのしかかった鳩山首相。「政治とカネ」よりも普天間問題迷走が支持率を押し下げたとみる小沢幹事長。両氏の距離は次第に広がった。

ダブル辞任

「辺野古移設」を明記した日米共同声明の発表と、これに反発する社民党の連立離脱。参院で巻き起こった「鳩山首相退陣論」。米国、沖縄、連立、参院民主党の狭間で翻弄され続けた鳩山首相の命脈が尽きる日がやってきた。もはや、政権を推進するのはもちろん、維持するだけの燃料も枯渇していた。

鳩山首相が、小沢幹事長を首相公邸にひそかに招き入れたのは、五月二七日夜だった。普天間問題で、日米両政府が合意した共同声明を翌二八日に発表する段取りになっていた。協議の焦点は、移設先に「辺野古」が明記された共同声明に反対を貫く社民党への対応だった。

「社民党を切っても、社民党と連立を維持しても、どちらにしても、うまくいかないんじゃないか」

小沢幹事長は直言した。普天間問題で信頼を失った鳩山首相では、たとえ社民党が連立離脱しても連立維持で留まったとしても、これからの政権運営は極めて厳しくなる、という警告だった。聞き方によっては、「退陣勧告」と受け取れなくもなかった。

「おいおい相談させてほしい」

鳩山首相は、今後も協議していきたい、という意思表示をしただけで、このときは自身の進退には触れなかった。

四月の鳩山、稲盛会談では、「政治とカネ」の問題での引責を拒否していた小沢幹事長だが、鳩山首相との公邸での極秘会談翌日の二八日、側近の一人、平野貞夫元参院議員の携帯電話を鳴らした。JR常磐線の車内にいた平野元参院議員はいったん電話を切り、駅に降りてかけ直した。何度かのやりとりで、小沢幹事長はこう伝えた。

「鳩山を巻き込んで俺も一緒に辞める。菅（直人副総理兼財務相）を中心に挙党体制を作って参院選に勝ちたい」

小沢幹事長は、鳩山首相とセット辞任する一方、菅副総理を担ぎ出すことで「二重権力」の維持を狙っていた。

しかし、小沢幹事長の思惑とは別に、鳩山首相もすでに辞意を固めていた。

六月四日の衆院本会議での辞任表明――。普天間問題の国会報告と質疑を「花道」に退陣するシナリオを描き、平野官房長官にその段取りで調整に入るよう指示していたのだ。

残された仕事は、同じ「政治とカネ」の問題を抱える小沢幹事長の処遇だった。このころ、「小沢幹事長をどうするのですか」と問う側近に、鳩山首相は「ちゃんと考えている」と答えた。小沢幹事長にも辞めてもらう、という意思表示だった。

鳩山首相は、五月三一日午前、日本を公式訪問した中国の温家宝首相を官邸玄関で出迎え、日中首脳会談に臨んだ。鳩山首相は就任以来、政権として「東アジア共同体」構想の推進を外交の目玉に据えていた。東アジア共同体の中軸は日本、中国、韓国の連携を強化する路線であり、翻せば、「脱米路線」への転換を意味していた。

首脳会談では、「戦略的互恵関係」を深めるとともに、東シナ海のガス田の共同開発について、早急に条約締結交渉入りすることで合意。また、「食の安全」を推進するための行動計画策定も確認するなど、実り多い会談となった。

しかし、中国は、今回の温家宝首相の訪日には、躊躇があった。中国側は、「政治とカネ」と普天間迷走で危うい政権運営を強いられている鳩山首相との会談に逡巡した、という。五月上旬、日本の中国大使館高官が、親中派の有力な自民党政治家らに接触し、「温家宝首相が訪日するのはリスクがあるかどうか」と聞いて回ったという。中国側は、温家宝首相訪日中に日本で政変が起きれば、滞在中に交わした合意が水泡に帰してしまう、という警戒があった。

温家宝首相は最終的に訪日を決断するが、中国側が危惧したように、現実には、温家宝首相の日本滞在中に「ダブル辞任劇」が動き出した。

温家宝首相との会談を終え、午後には衆院本会議に出席した鳩山首相は午後五時二〇分過ぎから、国会内の院内大臣室で、小沢幹事長、輿石東民主党参院議員会長と会談した。会談には平野官房長官も同席した。

これに先立つ民主党役員会では、今後の政局対応を小沢幹事長、輿石参院議員会長の二人に一任したが、小沢幹事長に近い高嶋良充参院幹事長は記者団に、「非常に深刻な事態に陥っている。事態打開を参院側から要請したい。首相の決断にかかっている」と、鳩山首相に自発的辞任を公然と求めていた。

厳しい表情で席につく鳩山首相に、口火を切ったのは、輿石参院議員会長だった。

「社民党が連立を離脱して参院は過半数ぎりぎりだ。衆院で法案が通っても、参院では民主党だけで過半数に届かない常任委員会もあり、法案は廃案になってしまう。参院は厳しい情勢だ」

「そんなに厳しいのですか」と驚いてみせた鳩山首相だが、この会談で言うべきことをはっきりと伝えた。

「辞任したいと思います。これから、私が主催する温家宝首相の歓迎夕食会に出なければならないので、改めて明日、お話しします」

会談時間はわずか八分だった。

鳩山首相はこの会談についてこの夜、首相官邸で記者団にこう説明した。

「厳しい局面だが、国家国民のために三人で力を合わせて頑張ろうと打ち合わせた」

辞任を言い出したことなどおくびにも出さず、「首相続投を確認したのか」という記者団の質問には、むしろ続投に意欲を見せる受け答えだった。

「当然であります。私自身のことで迷惑をかけていることは理解しているが、国民のために働かせていただきたい。初心に戻る思いで頑張るしかない」

しかし、会談を終えて国会内の幹事長室に戻り、正副幹事長会議で報告した小沢幹事長は正反対の認識を示した。

「あらゆる状況が厳しい。社民党が連立を離脱し、非常に厳しい状況だ。（鳩山首相にも）参院選情勢は厳しいと伝えた」

再会談は、六月一日午後六時から約三〇分、同じく国会内の大臣室で行われた。

鳩山首相「私も引きます。しかし、幹事長も恐縮ですが、幹事長の職を引いていただきたい。そこまでしなければダメです。そのことによって新しい民主党、よりクリーンな政治を取り戻そうではありませんか」

小沢幹事長「分かりました」

鳩山首相「今後のことですが、四日の衆院本会議で辞任を表明したいと思います」

小沢幹事長「総理が決断していただいたのなら、発表は早いほうがいい」
協議の結果、翌二日午前の両院議員総会で辞任表明することが決まり、鳩山首相が描いた「四日本会議退陣」は幻となった。

この後、首相官邸に戻った鳩山首相が側近を呼び入れ、翌朝に正式に退陣表明する考えを伝えると、平野官房長官は、号泣した。

五月三一日と六月一日の二度にわたって鳩山政権退陣について協議した民主党鳩首会談。鳩山首相がこの間、あたかも続投するかのようなポーズをとり続けたのは、温家宝中国首相の日本滞在中に「辞任情報」が駆け巡ることを極度におそれたからだった。これを徹底しようとしたためか、一日の会談後に鳩山首相が記者団に見せたポーズが思わぬ「誤解」を周囲に与え、必要のない混乱を招いた。

大臣室を出た鳩山首相が、「首相、続投に変わりはないですか」と問う記者団に向って、左手をわずかに上げて親指を突き出し、ニヤリと一瞬笑った姿が、テレビで繰り返し放映された。

首相退陣を求めていた参院民主党は、これに激怒した。鳩山首相が、辞任を求める小沢幹事長らをねじ伏せ、自ら続投宣言したかのように映ったからだ。小沢幹事長側の記者団へのブリーフィング役を務めた細野豪志幹事長代理はすぐさま首相官邸に抗議の電話を入れ、官邸の事務方も対応に困る場面があった。

鳩山氏は辞任後、ＢＳ番組で親指を立てたポーズの意味をこう説明した。

「覚悟を決めたら、最後の瞬間まで表に出さないほうがいいと、自分の思いを隠した。言葉で申し上げることはできないので、身ぶりで示した」

鳩山内閣は六月四日午前九時から首相官邸で開かれた閣議で総辞職した。政権交代を果たした〇九年九月一六日から数えて二六二日。約八ヵ月半の短命内閣に終わった。

「課題に内閣あげて懸命に取り組んだが、道半ばにして退くこととした。誠に残念であるとともに国民の皆様との約束をまっとうできず、大変申し訳なく思う」

閣議で決定した首相談話には、普天間問題での「県外移設」という「公約」を達成できなかったことへの無念さがにじんだ。

最後の記者会見で平野官房長官は陳謝した。

「首相を退陣に至らしめたことは、私の不徳の致すところだった」

普天間混迷を招いた首相と官房長官の最後の姿には、戦略や戦術を持たず、やみくもに「県外」を模索し、挫折した敗北感が重く漂っていた。

鳩山内閣総辞職から三日後のワシントン。ジェフリー・ベーダー米国家安全保障会議（ＮＳＣ）アジア上級部長が、米シンクタンク・スティムソンセンター主催のシンポジウムで、「五〇年目の米日同盟　再び活性化されたパートナーシップに向けて」と題して講演した。ベーダー上級部長は率直な物言いで普天間問題を振り返った。

「（日本の）新政権は、我々からみると、交渉するにあたってとても複雑だった。日本政府を実際にだれが代表して話しているのかを見極めるのに手間がかかったわけだが、そこは日本政府に対し、最大限の配慮をもって対応しようと、とても気を遣った。長い時間がかかったが、四月か五月には、だれが権限を持って話しているのかという点について、プロセスが首尾一貫し始めた。この二ヵ月間は、キーマンだった首相や外相、防衛相それぞれからの我々に対するコミュニケーションに整合性があった、と言っていいだろう」

日本政府内でまったくバラバラだった足並みがようやくそろったのは四月からで、ホワイトハウスは、それまではだれと話していいのか分からなかった、と明かしたのだ。

しかし、この発言には、日本政府側からクレームがついた。交渉当事者たちがベーダー上級部長と接触する場面はほとんどなかった。ある鳩山政権高官は「だれと話していいか分からなかったのは、ベーダー氏だけだ」と不快感を隠さなかった。

第八章　引き継がれた「重荷」

政争勃発

「普天間と政治とカネの問題の中で、成長戦略とか財政運営戦略とか雇用戦略とか、前向きのいろんな活動が十分に国民に伝えきれなかった。二つの大きな重荷を鳩山（由紀夫）首相に、自らが辞めるということで取り除いていただいた」

二〇一〇年六月三日夜、民主党本部。菅直人副総理兼財務相は記者会見し、党代表選への出馬を正式に表明した。「国民が民主党に託した日本再生というたいまつを、鳩山首相から引き継ぎ実現につなげる」と強調したが、普天間問題については鳩山首相の辞任理由として触れただけ。どう取り組むかを、自らの言葉では語らなかった。

配布した立候補声明の中には、こうあった。

「沖縄の人々の負担軽減や安全保障を巡る日米の信頼関係の維持など、極めて難しい問題だ。日米合意を踏まえつつ、これからも沖縄の負担軽減という目標に向かって大きな息の長い努力が必要だ」

日米合意とは、五月二八日に日米両政府が合意した日米共同声明のこと。現行計画の移設先と同じ、米軍キャンプ・シュワブのある沖縄県名護市辺野古周辺への移設を明記した内容だ。記者が「対米関係にどう取り組むか」と尋ねたのに対し、菅副総理はこう述べた。

「日本外交の基軸が日米関係にある。この大原則はその通りだ」

鳩山首相は普天間問題について、六月二日の辞任表明演説で新政権にこう注文を付けた。

「沖縄の皆さんに（対して）も、これからもできる限り県外に米軍基地を少しずつでも移すことができるよう、努力を重ねていくことが何より大切だ」

だが菅副総理の言葉に「県外」の文字はなかった。この会見で最も注目されたのは、普天間よりも「脱小沢」宣言。菅副総理はこう言い切ったのだ。

「小沢（一郎）幹事長には、少なくともしばらくは静かにしていただいたほうが、ご本人にとっても、民主党にとっても、日本の政治にとってもいいのではないか」

「脱小沢」のレールを敷いたのは、前原誠司沖縄・北方担当相（兼国土交通相）と、彼を中心とする党内グループ「凌雲会」だ。

鳩山首相が辞任表明した二日の夕方。菅副総理は鳩山首相に代表選に出馬する意向を伝えた。その後すぐに菅副総理は内閣府にいる前原沖縄担当相を訪問。支持を求める菅副総理に前原沖縄担当相は、応援する条件として二つを挙げた。

前原沖縄担当相「徹底的に『非小沢』の人事をやってください。幹事長人事を見ています。それから、日米合意は必ず履行してください」

菅副総理「当然そうだ」

前原沖縄担当相「日米で安全保障のインフラが切れたら、経済に影響がいきますから」

ここで「脱小沢」と「日米合意踏襲」がつながることになる。合意踏襲に誰よりもこだわったのは、やはり知米派の前原沖縄担当相だった。

菅・前原会談を踏まえてその夜から、枝野幸男行政刷新担当相や仙谷由人国家戦略担当相ら前原グループの主要メンバーが協議し、「応援条件」を三点に整理した。
一、「小沢色」の払拭。
二、政調復活など党人事の刷新。
三、日米協調。
三点目の「日米協調」は前原沖縄担当相が入れた。菅副総理が要求を受け入れたことから、三日昼のグループ会合で「菅支持」を決め、前原沖縄担当相は「(政治とカネの問題を)リセットするという鳩山首相の思いをしっかり受け継いでくれる」と記者団に支持を表明した。

岡田克也外相も前原沖縄担当相とほぼ同じタイミングで「菅支持」を表明した。菅副総理と会談した上で、記者団にこう語った。

「権力の二重構造は好ましくない。政治とカネの問題をはじめ、民主党らしさが失われていると述べた鳩山首相の思いを、しっかりと実現してもらいたい」

岡田外相の条件は「脱小沢」一点。ただ記者団が日米合意に関して尋ねると、こう答えた。

「菅さんとそういう話はしておりません。ただ私としては、日米合意というのは内閣で決定したもので、当然引き継がれると考えている」

前原、岡田両氏が相次いで菅副総理支持を表明する一方、小沢幹事長側では、支持グループの一部が樽床《たるとこ》伸二衆院環境委員長の擁立に走ったものの、グループ自体は自主投票を決めた。四日の代表選では党所属国会議員による投票で、菅副総理二九一票、樽床委員長一二九票と、菅副総理が圧勝。その日の午後、衆参両院本会議で首相指名選挙が行われ、菅副総理は第九四代の首相に指名された。

「菅直人君を内閣総理大臣に指名することに決まりました」

衆院本会議場で自席から立ち上がり、何度も深々と頭を下げる菅氏の左隣で、この日午前に総退陣した鳩山前首相が、菅新首相を見上げながら温かく拍手を送っていた。

この時、実は、三ヵ月後の熾烈な民主党内政争を予感させる光景が議場内であった。

「菅首相誕生」の数十分前。投票の順番を待つ行列に並んでいた民主党の川内博史衆院議員（鹿児島一区）は、後ろからぽんと肩をたたかれた。振り向くと、辞任したばかりの小沢前幹事長だった。

「おう、君、サイパン行ったんだよなあ。今度ゆっくり話を聞かせてくれよ」

さらに川内議員が投票を済ませて自席に戻りがてら、鳩山前首相に「お疲れさまでした」と声をかけると、こんな言葉が返ってきた。

「やっぱり、テニアンだよね」

鳩山さんは無念なんだ、と川内議員は感じた。

鳩山首相の普天間を巡る迷走が極まった五月下旬には、それまで「自分は党務、政策は政府」と沈黙を貫いてきた小沢幹事長が一変。「沖縄であれだけ反対集会をやっているので、すんなり行くとは思えない」と会合で出席者に語ったり、記者会見で鳩山首相が「最低でも県外」発言は公約ではなく代表個人としての考えだったと釈明したことについても、「代表（の発言）と党の公約は基本的には同じ」と指摘し、政府の県内移設方針に対する批判的見解を公然と口にするようになっていた。

その揚げ句の「普天間」と「政治とカネ」を抱き合わせた「小鳩ダブル辞任」。菅首相が「脱小沢」路線を鮮明にしたことで小沢系議員が不満を募らせ、党内政争の火種となった。小沢幹事長は六月四日夜、自らを支持するグループの会合で、早くも狼煙をあげた。

「次に同じような戦いがあった時、もう一度団結すれば過半数を制することは決して不可能ではない」

それから一週間後。川内議員は小沢前幹事長の個人事務所に呼ばれた。

「普天間はグアム・テニアンに移設すべきだ」

川内議員は、共同声明に盛り込まれた「グアム等国外への訓練移転を検討する」との文言を

「テニアンでの演習場整備」と読み込む余地があるのではないか、と考えていた。持論を展開した川内議員に、小沢前幹事長は身を乗り出した。
小沢前幹事長「普天間問題は、代表選の争点になるよな？」
川内議員「重要な争点になります。日米間の政治レベルがしっかりと議論すれば、必ず問題解決できます。辺野古も徳之島ももう無理ですよ、どうしますかというところから、米側と改めて話し合いを始めるしかないです」
小沢前幹事長「そうだよな、まず米国にしっかり話すべきだよな」
普天間に関する日米合意は「小鳩ダブル辞任」を経て、民主党内政争の火種と化した。

裏切りの代償

鳩山首相辞任と、菅新政権が見せた「普天間は一件落着」との姿勢は、沖縄の危機感を募らせた。
「(二〇〇九年八月の）選挙の時に国民に約束した『県外、国外』をしっかりと実現することが、政権交代の意味するところだ。私は選挙中、『海はもとより陸にも造らせない』と市民に約束して当選を勝ち得た。信念を持ってこれからも貫き通す」（稲嶺進名護市長）
「(日米共同声明は）我々ときちっと協議し、合意したものではない。バタバタと地元を後回しにする、政府の悪い癖が見えた。そういうのは結局、後が手間ひまかかるだけ」（仲井眞弘

多沖縄県知事）

しかし、「日米合意履行」を支援条件に民主党代表選を勝ち抜いた菅首相に、躊躇はなかった。

「普天間飛行場の移設問題に関しては、先般の合意を踏まえしっかりと取り組んでいきたい。日米相互でさらに努力をしていきましょう」

六月六日午前零時過ぎ、首相官邸からの電話で、菅首相はバラク・オバマ米大統領にこう伝えた。首相就任のお祝い名目で電話協議を申し入れたオバマ大統領に対し、菅首相のほうから普天間問題に触れ、「日米合意踏襲」を約束した。内閣・党人事すら調整中の段階で、直前に仙谷由人官房長官、枝野幸男幹事長の起用を記者団に明らかにしたばかりだった。

菅内閣は八日発足。日米合意にかかわった主要閣僚である岡田外相、北澤俊美防衛相、前原国土交通相兼沖縄・北方担当相をすべて再任した。「合意踏襲」の姿勢は鮮明だった。

沖縄県民の怒りを買う決定打となった「抑止力」を巡っても、ためらうことなく、「海兵隊が沖縄に必要な理由」に認定した。八日夜、初の臨時閣議で決定された「抑止力」の定義などを問う質問主意書に対する答弁書。質問したのは社民党の照屋寛徳国対委員長で、質問主意書の提出から決定まで一ヵ月近くかかるという前代未聞の経緯をたどった。

照屋国対委員長が質問主意書を提出したのは、五月一一日。鳩山首相が「抑止力」を理由に県外移設を断念したことを巡り、政府の見解を問うものだった。

「政府における『海兵隊による抑止力』の定義は」

「在沖縄米海兵隊は、長崎県の佐世保港に配備された米海軍揚陸艦部隊とともに行動するため、必ずしも沖縄に駐留する必要はない。仮に『抑止力』が必要として、そのために沖縄に普天間飛行場が必要不可欠とする理由は何か」

政府側はいったん回答期限を五月二一日に設定したが、前日になって一週間延ばした。党首の福島瑞穂消費者・少子化担当相が、答弁書案をこう言って突き返したからだった。

「ろくに理由を説明せず、要するに沖縄に海兵隊は抑止力として必要、というだけ。これでは署名はできない」

期限は一週間延び、五月二八日の閣議にかけられることになった。その間、鳩山首相が再度沖縄を訪問し、「辺野古回帰」を明言。官邸と社民党の関係は一気に悪化した。

「福島党首は、抑止力の答弁書に署名せずに罷免されることになるのではないか」

民主党内ではこんなうわさもたったが、結局この日の閣議案件には入らなかった。内閣官房から照屋国対委員長側には、こんな連絡が入った。

「平野（博文）官房長官が、質問主意書を取り下げて再提出してほしいと言っている」

照屋国対委員長は「どこまで逃げるのか」と憤ったが、民主党の松本剛明衆院議院運営委員長が「期限の再延長は前例がないので」と懇願。仕方なく、照屋国対委員長は同じ内容で質問主意書を再提出した。

その後、社民党は福島党首が普天間の政府対処方針への署名を拒否して罷免され、連立を離脱。鳩山首相は辞任し、「抑止力の政府見解」は後任の菅首相に委ねられた。

答弁書は、在沖縄海兵隊について「抑止力の重要な要素の一つとして機能している」とし、「佐世保の揚陸艦部隊と共に行動することのみをもって、沖縄に駐留する必要はないとすることは適当ではない」と反論した。しかし、「抑止力として沖縄に普天間が必要不可欠な理由は何か」との問いには直接答えなかった。沖縄にとっては、政府が「普天間県内移設の必然性は、抑止力では説明できない」と認めたに等しかった。

仲井眞知事は六月一五日、上京日程のついでに首相官邸に呼ばれ、菅首相、仙谷官房長官らと初めて会談した。菅首相らが「沖縄の怒りをあおっている」という自覚がないことに、仲井眞知事は危機感を隠さず、こう語った。

「四月の県民大会では、県外・国外という県民の強い要求が示された。民主党政権が少なくとも県外と言ってこられたことへの期待だ。しかし日米共同声明でまた辺野古という方向が出て、期待は失望にものすごく変わってしまった。落差が非常に大きい。声明は実現が難しい。極めて厳しい」

参院選対応を巡っても、菅新執行部の決断は素早かった。党選挙対策委員長に就任したのは、小沢前幹事長と距離を置く安住淳衆院安全保障委員長。「国外・県外」を訴える独自候補擁立を懸命に模索する党沖縄県連に配慮を見せていた小沢前幹事長の方針を一転。「党本部と違うことは選挙で訴えられないから」との理由で、あっさりと「沖縄選挙区は自主投票。共闘もしない」と決めてしまったのだ。

六月一六日。安住委員長は、二〇〇九年衆院選で初当選した瑞慶覧長敏《ずけらんちょうびん》衆院議員（沖縄四区）を党本部に呼んで迫った。

「泥をかぶってくださいよ。もう日米合意を決めてしまったんですから。空気読んでくれませんかねぇ」

泥をかぶる、とは、党沖縄県連が一時共闘を模索した社民党の擁立する山城博治氏を応援するな、という意味だった。

〈とんでもない。沖縄の空気を読めていないのはそちらのほうだ〉

瑞慶覧議員は語気を強めて反論した。

「目をつぶるところはつぶってもらわないと。第二の成田闘争になりますよ」

山城氏は党最大の支持団体・連合の中核を担う自治労の組織内候補。比例代表で民主党沖縄県連代表の喜納昌吉参院議員の再選を果たすために、選挙区候補との共闘は欠かせない。ここで不戦敗となれば、せっかく政権交代への期待を足掛かりに築きかけた組織的基盤を手放すことにもなりかねない。瑞慶覧議員はひるまなかった。

参院選公示の六月二四日午後、那覇市の観光スポット、牧志公設市場の入り口付近であった喜納議員の出陣式で、瑞慶覧議員は力強く宣言した。

「喜納も私も、民主党のために政治家になったわけではない。沖縄県民の命を守るためになった。私ははっきり申し上げます。選挙区は山城さんに投票いたします。選挙区は山城、比例は喜納。よろしくお願いいたします」

一九九八年の民主党結党以来、初めて沖縄選挙区でバッジをつかんでからまだ一〇ヵ月に満たない瑞慶覧議員は、率直だった。一方、二〇〇四年に初当選し、五年の野党時代を経てようやく与党入りを果たした喜納議員は、鳩山、菅両氏への配慮をにじませ、悩ましさをのぞかせた。

「鳩山前首相は決して悪い人じゃない。菅首相もいい人だ。（菅氏は）政権交代の後に『沖縄問題は重い。沖縄は独立したほうがいい』と言ったが、彼は底辺の人々のことをよく知っている。沖縄の人々の心に同化して言った言葉だと思う」

しかし喜納議員の言葉に反して、菅首相は前日の二三日、沖縄を初訪問し、沖縄県民の心を逆なでする発言を残していた。年に一度、沖縄戦の全戦没者の霊を慰める「慰霊の日」。菅首相は沖縄県糸満市摩文仁の平和祈念公園で、沖縄県が主催した「沖縄全戦没者追悼式」に出席し、遺族ら約五五〇〇人を前にこう述べた。

「いまだに沖縄には米軍基地が集中し大きな負担をお願いしている。全国民を代表しておわびを申し上げる。負担がアジア太平洋地域の平和と安定につながってきたことについて率直にお礼の気持ちも表させていただく」

感謝するから引き続き過重な基地負担を引き受けてくれということか、という戸惑いが会場に広がった。

「慰霊の日」とは、一九四五年に沖縄戦で旧日本軍の組織的戦闘が終結した日に当たる。沖縄戦では日米両軍の地上戦が三ヵ月近くにわたって行われた。多くの住民が巻き込まれ、日本軍による住民虐殺や住民の集団自決も起きた。沖縄県援護課の発表（一九七六年三月）によると、死亡者数は一般住民九万四〇〇〇人、日本軍九万四一三六人（うち沖縄県出身の軍人・軍属二万八二二八人）、米軍一万二五二〇人。七二年の本土復帰後、沖縄に配備された自衛隊には長く「日本軍」のイメージがつきまとっていた。鳩山前首相がこだわった普天間代替施設の日米共同使用が沖縄県内で冷ややかに受け止められたのも、こうした歴史的背景によるものだ。

六月二三日は全県民が公休をとり、そうした沖縄の歴史に思いを馳せる日である。菅首相のあいさつは、明らかに場違いだった。

「鳩山政権へのあんなに高かった期待が不安に変わり、失望に変わり、今は怒りになっている。菅首相も、私たち沖縄県民が大事に、大事に思っている慰霊の日に沖縄に入ってこられたが、首相の話を聞いて心が動いた県民はいないと思う。沖縄のこと、何にも分かってないんです。あんな菅首相に沖縄の問題、解決できるわけがないじゃないですか」

二四日、那覇市内であった公明党の比例代表候補の出陣式で、協力関係にある自民現職の島《しま》尻安伊子《じりあいこ》氏が声を張り上げると、二〇〇人を超える聴衆から拍手がわき起こった。式には仲井眞知事も出席し、島尻議員と公明党候補への支持を呼び掛けた。

沖縄県議会は参院選投開票日二日前の七月九日、日米共同声明の見直しを日米両政府に求める決議と意見書を全会一致で可決した。これに先立ち、米連邦議会では、日米安保条約改定五〇年に合わせ、日本政府と国民への感謝決議が六月下旬に採択され、その中で「沖縄を含む在日米軍は、日本の防衛とアジア太平洋の平和と繁栄と地域の安定の維持に必要な抑止と能力を提供している」と記されていた。県議会決議はこう指摘した。

「菅首相は沖縄の基地負担に陳謝とお礼を表明し、米国でも米軍基地を受け入れる沖縄への感謝決議が議決された。このことは過重な基地負担を押し付けられ、今また新たな基地を押し付けられようとしている県民の思いを全く理解していない行為として、県民の大きな怒りを買っている」

沖縄選挙区では県内移設反対を訴えた島尻氏が当選。社民党が推薦した山城氏は、敗れはしたものの、社民党は比例獲得票約一二万票で得票率約二三パーセントを占め、民主党を抜いて県内トップに躍り出た。社民党県連幹部は「普天間問題で筋を通す政党だと評価された」と分析した。

一方、鳩山、菅両氏を擁護した喜納氏は落選の憂き目に遭い、敗戦の弁をこう述べた。

「県民の裏切られたとの感情はすごかった」

「国外・県外」を訴える選挙区候補を擁立できず、比例候補も議席を失ったダブルショック。それは、一一月の県知事選に向けた「負の連鎖」の始まりだった。

直接交渉

米政府から、カート・キャンベル国務次官補とダニエル・ラッセル国家安全保障会議（NSC）日本・韓国部長が六月一七日に来日し、翌日、外務省高官らと会談した。発足間もない菅政権の情報収集が目的だった。一八日の日本人記者団との会見でキャンベル次官補は来日の目的について、「米政府の視意を菅政権に伝えるとともに、互いの関心事である中国、朝鮮半島情勢や、二国間関係など幅広い問題での議論をするため」と説明した。六月二五～二七日のカナダ・ムスコカでの主要国首脳会議（G8サミット）の際に初顔合わせするオバマ大統領と菅首相との首脳会談の準備も兼ねていた。

来日の狙いは、もう一つあった。日米共同声明に基づき、普天間問題を米政府としてどう進めるか、について、ジョン・ルース駐日米大使と協議することだった。ルース大使は、普天間問題でギクシャクした日本政府との「同盟深化」とは別に、独自に沖縄との関係の「深化」も探っていた。

ルース大使とキャンベル次官補は、軍事的関係を超えて、沖縄と教育や医療などのソフト分野での支援も強化していく重要性を感じていた。日本任せではない、米国独自の政策と協力の実施で、沖縄との絆を深めよう、という「沖縄ビジョン」だった。

ルース大使は、日米共同の奨学金制度「小渕沖縄教育研究プログラム」創設一〇周年の記念式典に出席するため、六月一八日から二一日まで沖縄県を訪問した。このプログラムは二〇〇〇年の沖縄でのサミット開催を決定した故小渕恵三元首相にちなんで名付けられたが、当時のビル・クリントン米大統領の提案だった。

ルース大使はこの機会を利用して、地元の有力者と相次いで会談した。普天間問題の実現への地ならしの意味合いもあった。二〇日、那覇市の高級ホテル「ザ・ナハテラス」で昼食をともにしたのは、ともに海兵隊施設がある金武町の儀武《ぎぶ》剛《つよし》町長と、浦添市の儀間《ぎま》光男市長だった。米側からはレイモンド・グリーン在沖縄米総領事も同席した。約二時間の会談でルース大使はいろいろな提案をした。

「米軍ギンバル訓練場跡地（金武町）の高度医療施設建設について連携してやっていきたい」

「沖縄科学技術大学院大学（恩納村にて開校予定）でもいろんなことができる」

儀武町長らは日本政府への不信を口にした。

「沖縄と東京では温度差がある。それを何とかしないといけない」

「地元は親米派が多い。日米同盟の重要性も認識している。ただ、鳩山総理が『県外』と言って期待を持たせたがために今、こんな県民世論になっている」

同席者の一人は後にこんな感想を漏らした。

「よく勉強していた。米国は巧みだよ。『沖縄から直接話を聞いている』と言えば、（本国にも）通りがいい。日本政府はそういう外交交渉のノウハウを知らなすぎる」

儀武町長は自公政権時代の〇六年日米合意を巡り、防衛庁（当時）に協力して名護市との合意実現に一役買っていた。しかし、その内容には満足していなかった。グアムに移転する在沖縄海兵隊八〇〇〇人が「司令部要員」とされ、前線部隊はそのまま沖縄に残るとされたからだった。

「逆に司令部を沖縄に残して、前線部隊の訓練をグアムに持っていってくださいよ。地元は基地をなくせとは言ってない。訓練がなくなれば騒音や事故の危険もなくなる」

〇六年当時、儀武町長は守屋武昌防衛事務次官に訴えた。米国・ハワイの太平洋軍司令部内でも同様の意見があると聞いてもいた。しかし、訴えは聞き入れられなかった。

それでも自公政権時代はまだましだった。民主党政権になり、鳩山前首相が率いる閣僚たちが繰り広げる迷走に振り回された。前首相が五月、二度目に沖縄を訪れた際には、事前に上京して瀧野欣彌官房副長官や二橋正弘元官房副長官とすり合わせ、稲嶺進名護市長を含む北部一二市町村長との懇談をアレンジした。

しかし、鳩山前首相は一〇日後に辞任。菅政権に代わり、一から出直しとなった。もはや、過去の経緯を知る政治家も官僚もほぼ皆無。交渉に値する相手が見当たらないといってもいい事態だった。むしろマイナスからのスタートだった。

「もう、アメリカと直接交渉したい」

儀武町長の胸中に、こんな思いが日増しに募っていった。

しかし、米国も、在沖縄海兵隊を受け入れるグアムのインフラ問題が日増しに重くのしかかっていた。グアム政府からの窮状を聞いたゲーツ米国防長官は六月中旬、北澤防衛相宛に書簡を送った。急激な人口流入により電力や上下水道などの整備が追いつかず、日本側に負担経費の増額を求める内容だった。

二〇〇六年の日米合意では、グアム移転に伴う経費は総額一〇二億七〇〇〇万ドル。このうち日本側は融資または出資など三二億九〇〇〇万ドルと財政支出二八億ドルの計六〇億九〇〇〇万ドル、米国側は四一億八〇〇〇万ドルを分担することになっている。

日本政府はすでに国際協力銀行（ＪＢＩＣ）を通じ、七億四〇〇〇万ドルのインフラ整備費を融資することを決めており、七月の参院選を控え、追加融資には慎重にならざるを得なかった。参院選では消費税増税問題が争点の一つに浮上しており、追加融資の申し入れに即座に応じれば、「増税はアメリカ向けか」との反発を招きかねない事情もあった。

ところが、米国の窮状は予想を超えて厳しかった。米国防総省は七月下旬、グアム移転に関する環境影響評価（アセスメント）の最終報告書を発表。日米合意が移転完了期限とした二〇一四年までにはインフラ整備が間に合わず、移転完了を三年後の二〇一七年まで延期するよう求めた。

これに激怒したのが、米議会だった。二〇一一会計年度（一〇年一〇月～一一年九月）軍事施設等歳出法案に盛り込まれた在沖縄米海兵隊のグアム移転費について、政府要求を大幅カットして可決。ワシントン発の時事通信によると、下院歳出委員会のオービー委員長は七月二〇日、大幅カットの理由について「基地建設を継続できるかどうかに関する多くの懸念に応えられない国防総省の無能ぶりのためだ」と酷評した。

また、二二日に公表された同委員会報告書では、「グアム移転を引き続き支持するが、同時に、国防総省の取り組みには『重大な懸念』がある」と指摘。基地建設完了時期も「二〇一七年もしくはそれ以降にずれ込む」と予測。そもそも米国が言い出した普天間移設とパッケージの在沖縄米海兵隊のグアム移転は、米国の読みの甘さから大幅な遅れが決定的となった。

海兵隊のグアム移転は〇六年日米合意の中で、沖縄の負担軽減を象徴する骨格部分だ。日本政府は、グアム移転の追加融資の協議に応じる旨の北澤防衛相名の書簡を、ロバート・ゲーツ国防長官宛に返信した。

仙谷官房長官は二八日の記者会見で「日米両政府が資金や技術的な事柄で精力的に進めなければならない」と表明。政府関係者は「早く移転計画を進めてほしい、と米国側に伝えた。日本政府としては、ＪＢＩＣを通じて追加融資する用意がある」と明かした。これと前後して、米国側から、日本政府に普天間移設問題の全面決着を急かす態度は消えた。

民主党代表選と先送り

七月一一日、参院選投開票。民主党は大敗した。菅首相自らの消費税引き上げ発言が最も大きな敗因だった。普天間問題は争点にならなかった。「そもそも消費税発言自体に、普天間迷走からメディアの関心をそらす狙いもあった」と政府関係者は明かす。しかしその選挙結果は、もっと大きなネガティブ・インパクトとなって跳ね返った。

「官邸主導で問題の解決に当たるように」

参院選後すぐ、菅首相は普天間問題を巡り、仙谷官房長官にこう指示した。しかし、沖縄選挙区で「県内移設で日米合意したから」と候補擁立を見送った結果、「日米合意反対、県内移設反対」を訴えた自民党現職が当選。比例票では、連立離脱に追い込んだ社民党の得票率が民主党を上回りトップ。県民世論が硬化する中で、足場を失った民主党政権はますます動きづらくなった。鳩山前政権での「官邸主導の失敗」の汚名をそそぐ策もなかった。

「九月の民主党代表選で菅首相（党代表）が再選され、政権が安定するかどうか見極めが必要」

官邸にはこんな空気が支配的となり、問題解決に向け具体的な行動に出る機運は遠のいた。日米合意で「代替施設の工法や配置、場所の検討完了期限」とされた八月末時点での結論を巡っても、「複数案提示で先送り」との流れが一気に強まった。

工法は二〇〇六年の日米合意の「埋め立て」に回帰。滑走路の形状について、現行計画のV字形二本を一本に減らす日本側の案と、V字形を維持する米側の案との二本立てが検討されていた。公有水面埋め立て許可権限を持ち、一一月の沖縄県知事選で再選をうかがう仲井眞知事への配慮が最優先だった。北澤防衛相は記者会見で、最終合意は知事選以降に先送りする可能性を示唆。ゲーツ米国防長官も「日本政府が国内の政治的な問題に直面しているのは明らかだ。私自身は忍耐強くありたい」と配慮を示した。

にもかかわらず、沖縄県との話し合いの糸口はなかなかつかめなかった。

前原沖縄担当相が「露払い」を任された。鳩山政権の時から、仲井眞知事とは二〇一一年に期限切れを迎える沖縄振興計画の担当閣僚としてたびたび会い、関係を構築してきたからだ。八月一日に仲井眞知事と那覇市内で会談。八月末時点の結論先送りを伝えると共に、普天間問題を前進させるための地元との協議機関設置を打診した。沖縄訪問直後には、国土交通省が発表した国直轄で整備する「重点港湾」に、原案になかった沖縄県の中城《なかぐすく》湾港（沖縄市）を追加。「国交相が知事側の要望に配慮した」（与党関係者）と指摘された。

政府はその上で一一日、日米合意内容を正式に沖縄県に対して説明するというセレモニーにようやくこぎつけた。仙谷官房長官より格下の福山哲郎官房副長官が沖縄に足を運んでのことだった。日米交渉に携わる外務、防衛両省担当者も随行し、説明には二時間四〇分かけた。

しかし、仲井眞知事の反応は一層厳しくなっていた。日米合意の内容よりも、鳩山前首相が掲げた「最低でも県外」が「県内」に転じた経緯の説明のほうを重視したからだった。「納得できたか」との記者団の問いに、仲井眞知事はこう語った。

「まだまだ、全然です。例えば抑止力。これは、もともとあった話ですからね。とてもとても納得いく説明にはほど遠い」。またしても、「抑止力」だった。

仲井眞知事は、政府側が強調した負担軽減策を「これまでにない試み」と評価しながらも、民主党沖縄ビジョンが「国外・県外」を明記していることにまで触れて、辺野古周辺への移設を「そのままでは実行不可能に近い」と明言した。さらには、県内移設に反対する名護市や民主党県連にも説明するよう要求。福山官房副長官は協議機関設置を先送りせざるを得なかった。

そんな時、六月以降くすぶっていた政争の火種に火がついた。

「普天間基地　国外移設派、訪沖へ　民主20議員　代表選争点化狙う」

八月一二日付毎日新聞夕刊が一面で報じた記事に、「おおっ」とのけぞって驚いたのが、「反小沢の急先鋒」でならしてきた仙谷官房長官だった。首相周辺からは「これじゃ、完全に政局だ」との声があがった。

沖縄訪問を企画したのは、民主党内で「普天間は国外へ」の旗を掲げ続けていた川内衆院議員だった。川内議員は「沖縄県民に『共同声明は変更させる』との私たちの意思を伝え、普天間問題は代表選の重要な争点だと打ち出したい」と明言し、県内移設に反対する宜野湾市の伊波洋一市長や名護市の稲嶺進市長との会談を計画。訪沖メンバーの中には、福田衣里子、三宅雪子両氏ら〇九年衆院選で小沢前幹事長の支援を受けて初当選した議員もいた。

また沖縄議懇のメンバーである斎藤勁《つよし》民主党衆院議員（比例南関東）は七月下旬に訪米し、

普天間問題を巡り米国の議員にこう訴えて回った。

「辺野古移設はもう無理だ。強行すれば血の海になる」

斎藤議員が強く感銘を受けたのは、米民主党の重鎮、バーニー・フランク下院歳出委員長の言葉だった。

「陸上兵力は必要ない。空と海は抑止力として必要だが、陸上、とりわけ海兵隊は前時代の遺物だ」

米国では深刻な財政赤字で軍事費削減の必要性を指摘する声が続いており、フランク歳出委員長はその急先鋒だった。メディアで「在沖縄海兵隊は前時代の遺物」と発言し、注目を浴び始めていた。この考え方は徐々に米国の潮流になるのではないか、と斎藤議員は感じた。

しかし、党内にくすぶる「国外・県外」の声に耳を傾ける余裕は、官邸にはなかった。川内議員はこんな電話を官邸関係者から受けた。

「議員のパフォーマンスに付き合っている暇は、官邸にはない」

川内議員はますます「小沢前幹事長が国外移設を訴えて党代表選に出るべきだ」との思いを強めた。沖縄訪問した八月二六日の記者会見ではこう明言した。

「小沢さんは『まず米国としっかり話すべきだ』とおっしゃった。小沢さんが代表選に立候補され、総理大臣になれば、そういうプロセスで問題解決にあたられると期待する」

そして三一日、小沢前幹事長は鳩山前首相の支持の下、党代表選出馬を表明。普天間問題では「沖縄県、米政府と改めて話し合う」との公約を掲げた。

対する菅首相は「クリーンでオープンな党運営」を打ち出し、徹底して「政治とカネ」、「脱小沢」路線をアピールする作戦に出た。

しかし、小沢前幹事長の主張は具体性を欠いたものだった。九月一日、菅首相との最初の共同記者会見で、それは早くも浮き彫りになった。

小沢前幹事長「今のままでいくらやろうとしても、沖縄県民が反対する以上はできない。県民も米政府も納得できる案を見出さなければならない」

菅首相「白紙に戻すのでなく、小沢さんは幹事長の立場で鳩山政権で合意したことに責任を持って臨んでいただきたい」

小沢前幹事長「白紙に戻すと言っているわけではない。幹事長時代は政府の政策決定にまったく関与していない」

代表選は普天間の移設先とされる名護市の市議選と重なった。「辺野古移設反対」を訴える稲嶺市長派と、条件付きで移設を容認してきた島袋吉和前市長派のどちらが多数を占めるかが注目された。小沢前幹事長は沖縄入りも検討したが「日米合意を見直すつもりか」との米側の懸念を気遣った周囲の反対で見送り。普天間問題を主要な争点から外した。

しかし沖縄には、小沢前幹事長が日米合意見直しをいったん示唆したというだけで大きな影響を及ぼした。名護市議選で、移設容認派の新人候補は「これで反対派が勢いづくことになる」と頭を抱えた。島袋前市長派を公然と支援していた仲井眞知事ですら、小沢前幹事長の姿勢を、こう評価せざるを得なかった。

「沖縄の納得、米国の納得に向けもう一回話し合うという考え方は、リーズナブルな気がする」

名護市議選は九月一二日投開票が行われ、移設反対の稲嶺市長派が一六人当選。移設容認派(一一人)を五人も上回る大勝を収めた。二日後に投開票が行われた民主党代表選でも、沖縄県選出国会議員二人とほとんどの地方議員に加え、党員・サポーター票も約七割が小沢前幹事長を支持。全国的には菅首相が圧勝の中で、小沢前幹事長の地元・岩手と沖縄だけが、県内全小選挙区で小沢前幹事長が菅首相を上回る結果となった。

沖縄の民意が「国外・県外」に向けて再びうねりを見せ始めた八月三一日、普天間代替施設の配置や工法を巡る日米専門家協議の報告書が公表された。工法について「埋め立てが最も適切」と明記。米側が主張した現行計画と同じV字形案と、日本側が提案した滑走路一本のI字形案の二案を併記した。一方で、重要なポイント二点を先送りした。

一つは飛行ルートだ。米側が垂直離着陸機MV22オスプレイの配備方針を明言し、ルート拡大を求めたのに対し、日本側が難色を示したためだ。〇六年合意では、騒音や事故の危険に対する地元の懸念が強く、合意文書でわざわざ「米国政府は普天間代替施設から戦闘機を運用する計画を有していない」と断った。そうした過去の経緯から、「オスプレイ導入を公式に認めることにつながる」というのが、日本側が先送りを主張した理由だった。

もう一点は、代替施設の自衛隊との共同使用だ。「常時駐留なき安全保障」が持論の鳩山前首相が海兵隊撤退の可能性をにらみ、「将来は自衛隊管理に」と主張し盛り込んだものだ。北澤防衛相は「日米協議の新たな枠組みを設ける」と述べたが、もともと実務者レベルでは検討されていなかった案。首相交代に伴う、事実上の「棚上げ」だった。

I字形案を北澤防衛相に提案したのは、シュワブ陸上案でも登場した守屋武昌元防衛事務次官だった。

「米国はこの問題で大変まじめに対応してきています。これ以上時間は掛けられません。ただ現行案はいろいろ問題はある。政権交代を踏まえて何らかの変化を加えたいというのであれば、V字形滑走路二本のうち、海に張り出した部分の一本は要りません。あれだけで五〇〇億円かかりますから」

守屋元次官は〇六年合意の当事者だが、V字形案にこだわりはなかった。地元の名護市は当時も「沖合移動」にこだわり、調整は難航。最後は「飛行ルートが集落上空にかからないように」という名護市側の要求を逆手に取り、額賀福志郎防衛庁長官が土壇場で提案し押し切った。「だまし討ち」に遭った島袋吉和市長は「話が違う」と責められることを恐れて一時雲隠れしたほどで、その後も沖合移動要求が延々と続く遠因になった。

日本側が主張したI字形案は、実はV字形案より前の二〇〇五年秋、日米がいったん合意した「L字形案」に近い。L字形は当時の防衛庁が主導し、地元が「頭越し」と批判。調整に半年かかった。米国にとっては「〇六年合意の地元調整以前」に戻ったようなもの。沖縄にとっては、仮に県内移設を受け入れるとしても「自公政権以下」への後退を意味した。ましてや、県内移設はもはや受け入れられる状況にない。仲井眞知事は、こう切って捨てた。

「ナンセンスだ。やむなしとして条件付きで容認派だった私ですら、やり方がおかしいと言っている。辺野古への移設は不可能に近い。政府は一〇〇点でなくても、県民が納得いく説明をしないといけない」

オスプレイ配備を巡っては、「先送り」の限界がすぐに露呈した。岡田外相は「オスプレイをどうするかきちんと方針を決め、そのことを前提に飛行経路を書き、（地元などに）説明をしなければいけない」と国会で発言。北澤防衛相も記者会見で「事務方もそれを想定して意見交換をしている」と明言した。名護市議選投開票の直前だったために、仲井眞知事は「ある時期、墜落事故を起こした機種だ。基本的には勘弁してくれという感じだ」と不快感を表明。〇六年合意を巡っては政府に協力してきた北部首長代表の儀武金武町長ですら、名護市議選後の六月一六日、町議会でこう宣言した。

「（オスプレイの沖縄への配備には）断固反対だ。北部全市町村を含め、県内の市町村にも働き掛けて、配備は絶対反対だという声を大きくしていきたい」

原点回帰

六月中旬、那覇市内。守屋元次官は、沖縄県の吉元政矩元副知事を四年半ぶりに訪ねた。

守屋元次官「基地返還アクションプログラムをずっと頭においてかかわってきました」

吉元元副知事「分かっています。でも、約束が違うんじゃないですか？　海兵隊は撤退じゃないんですか」

　守屋元次官は笑ってそれには直接答えず、代わりにこう問い掛けた。

「首相は誰を使ってるんでしょう。何かお手伝いしたいんですけどね」

　二人は一九九五年の少女暴行事件を受けて沖縄米軍基地の整理・統合・縮小を検討するため設置された日米特別行動委員会（ＳＡＣＯ）を巡って、政府側と沖縄側のカウンターパートだった。沖縄県が政府に基地返還アクションプログラムの素案を提示したのが九六年一月。当時、守屋元次官は驚いた。

〈基地経済から脱却し、自立する沖縄を目指した、国に対する初めての挑戦状。見事なものだ。国にはそれだけの案がない。恥ずかしいことだ〉

　基地返還アクションプログラムは、東アジアの安全保障環境を踏まえつつ基地のない沖縄のグランドデザインを描いた「国際都市形成構想」が前提。構想実現には広大な米軍基地の跡地利用が必要だとして、二〇一五年までを三段階に分け、県内に四〇ヵ所あるすべての米軍基地の返還を政府に求めるものだった。

守屋、吉元両氏は沖縄で極秘に会ってすり合わせを重ね、米側との交渉に当たった。米側のカウンターパートは現国務次官補のキャンベル国防次官補代理。基地返還アクションプログラムを携え、すべてについて返還の可能性はないかぶつけた。しかし、新しく全面返還が合意できたのは日米首脳レベルのトップダウンで決まった普天間飛行場だけだった。

二〇〇一年の同時多発テロで米国が本土防衛に大きくエネルギーを割かれることになり、守屋氏は「これでアメリカとディール（取引）できる」と考えた。〇三年に始まった米軍再編協議の中で、再び米側に対して基地返還アクションプログラムを持ち出した。米軍再編中間報告がまとまった直後の〇五年暮れ、守屋元次官は吉元元副知事と東京都内で久々に会った。

守屋元次官「あの時の約束を、今実践しています。一〇年かかってようやくここまで来られましたよ」

吉元元副知事「確かに、第二段階の『二〇一〇年までに返還』の分が全部入ってますね」

中間報告を踏まえた〇六年合意では、「アメリカとディール」できたことで、在沖縄海兵隊八〇〇〇人のグアム移転まで勝ち取った。しかし、それから四年。肝心の普天間移設は、やはり進んでいなかった。

「普天間が今こうなっているのは、自民党政権の一三年間に原因がある」

守屋元次官は考えていた。比嘉鉄也名護市長が北部振興策を条件に移設受け入れを表明し、辞任したのが一九九七年一二月。まず、名護市が求めた国立高専の建設を「受け入れてくれるならやったらいい」と当時の橋本龍太郎首相が特例措置を政治決断したことが、「普天間を受け入れるとはこんなに大きなことなんだ」と火をつけてしまった。二〇〇〇年から名護市を含む北部一二市町村を対象に「一〇年で一〇〇〇億円」の北部振興策が始まり、そこここでハコモノが作られた。

守屋元次官は二〇〇〇年の九州・沖縄サミットを巡り、小渕恵三首相に沖縄での開催を直談判した。「沖縄の基地問題が解決できるなら」と考えたのだった。しかし、結果はどうだ。かけたカネが基地問題を解決しないほうに動く構図になってしまっている。北部振興策が、物事が進まなくても政府からカネがおりる前例を作ってしまった。

軍用地料収入も大きい。国が賃貸借契約を地主と結んで支払うもので、沖縄の本土復帰の一九七二年には一二三億円だったものが二〇〇五年には七七五億円と、どんどん高騰している。「普天間問題をきっかけに上がり出した」と感じていた。

〇六年合意を巡って、「沖合移動」を求める名護市の頭越しに、那覇防衛施設局長を辺野古区との直接交渉にあてた。住民らは一世帯当たり一億五〇〇〇万円の生活補償金を要求するなど、露骨な条件闘争に出てきたという。

最近、辺野古区の関係者から聞かされて驚いたことが、守屋元次官にはあった。「埋め立て軍用地料分配計画」だ。辺野古はベトナム戦争の時、夜の街に繰り出す米兵で栄え、収入源を求めて地区外から移り住む人が相次いだが、軍用地料収入は当然ない。そこで移設を推進する区の自治組織、行政委員たちが考え出したアイデアが、埋め立てで軍用地を増やし、それで新たに入る収入を分配しようというものだった。

辺野古区は、守屋元次官が北澤防衛相にヒントを与えたシュワブ陸上案を巡り、「政府がシュワブ陸上案に決めた場合は、シュワブ内にある区有地の賃貸契約更新を拒否する」との方針を表明したことがあった。「移設容認派の『反戦地主』宣言か」と当時話題になった。しかし、その背景には「埋め立てでなければ受け入れられない」という事情があった。これもまた、条件闘争の一環だった。

守屋元次官は痛感した。

「条件闘争に応じていると際限がない。しかし、そうさせてしまったのは国だ」

地元自治体だけではない。沖縄の知事は交渉相手にならない、というのが、結論だった。

返還合意の時の大田昌秀知事は、最初に「全面的に協力したい」とコメントしながら、県内移設が条件であることを理由に後で反対に転じ、政府との関係は断絶状態になった。一九九八年の知事選で「国外・県外」を訴える大田氏に対し「政府とのパイプで経済振興を」と訴えて当選した稲嶺恵一知事は「軍民共用」「一五年使用期限」を条件に掲げた。稲嶺知事は〇六年合意を「容認できない」としてシュワブ陸上部に暫定へリポートを建設する対案を示し、政府と県で「基本確認書」をかわしたが、県民向けには「合意はしていない」と釈明。反対姿勢を保ったまま知事選不出馬を決め、仲井眞知事に後を譲った。

仲井眞知事は「県内移設やむなし」と言いつつ「少しでも沖合に移動してほしい」と要求し続けた。背景には知事選で支援してくれた埋め立て利権業者の影響がある、と守屋元次官は見ていた。〇六年合意は小泉純一郎首相の強力なリーダーシップを背景にまとめることができた。ところがその後ほぼ一年ごとに政権が代わり、沖縄側の要求に振り回され、またしても滞りだした。

「鳩山政権が悪いとは思わないが、すべて中途半端だ。防衛省は『地元の合意はなかった』とあっさり認めて沖合移動要求のハードルを下げたうえ、沖縄県が求めた負担軽減策を次々と取り入れている。仲井眞知事が要求してきた沖合移動の幅は一〇メートルから五五〇メートルまで九パターンもあった。理屈じゃない」

守屋元次官は二〇一〇年八月、毎日新聞のインタビューに答えて、防衛省や沖縄県への不満を口にした。

考えあぐねる守屋元次官は、「海兵隊は撤退じゃないんですか」と問い掛ける吉元元副知事を前にして、心の中で思っていた。

〈吉元さんは基地のない沖縄を目指そうと、本気で思ってるんだな。でも安全保障環境から考えて、それは無理だ〉

守屋元次官は吉元元副知事が鳩山政権にかけた思いの根源にある考えを共有していなかっ

た。「常時駐留なき安全保障」だ。

見通し得る一〇年という期間において、「常駐なき安保」が可能な安全保障環境が実現する見通しは立っていない。「常駐なき安保」と言うなら、引き換えに現在の抑制的防衛政策を変える決意があるのか。専守防衛、ＧＮＰ比一パーセント、攻撃的兵器は持たない……。変えれば自衛隊が任務によって死ぬことを求められる集団と化すことをも意味する。そのことを国民に問えるのか。

基地返還アクションプログラムを巡り共鳴しあった二人の間で明らかになった「同床異夢」。それは普天間問題の「原点」を浮かび上がらせた。

政府にとって普天間問題の始まりは、一九九五年の少女暴行事件だが、普天間返還を要求した側の沖縄にとっては一九七二年の本土復帰前から延々と続く反基地闘争の一環だった。吉元元副知事はその先頭に立ち続けてきた。

復帰運動の革新系団体「沖縄県祖国復帰協議会」で事務局長を務めた際のスローガンは「基地の即時無条件全面返還」。しかし復帰後も米軍基地が沖縄に集中する現状に変わりはなく、吉元氏は沖縄県庁職員を辞め、「沖縄闘争再構築」と銘打って、嘉手納基地包囲行動を発案、主導した。大田昌秀知事が誕生後すぐ国際都市形成構想作りに着手し、少女暴行事件をきっかけに知事代理署名拒否を仕掛け、基地返還アクションプログラムを政府に示した。

橋本政権に「普天間返還要求」を突き付け返還合意を勝ち取ったまではよかったが、県内移設が条件だったことがその後、尾を引き続けた。国とのパイプ役を務める中で「政府寄り」「手法が強引」などと批判が高まり、県議会で副知事再任案を否決され辞任。その後一年もせずに大田知事は知事選に敗れる。次の稲嶺県政の下で、国際都市形成構想や基地返還アクションプログラムは事実上ご破算になった。二〇〇二年知事選に社民党などの推薦を受けて出馬。自民・公明などが推薦する稲嶺知事と戦ったが大敗した。

そんな紆余曲折を経てきた吉元元副知事にとって、普天間は「基地のない沖縄」の実現に向けた「戦いの象徴」だった。しかし「最低でも県外」「東アジア共同体」を掲げた鳩山前首相は辞任。菅首相は「日米合意を踏襲」と繰り返し、九月の尖閣諸島沖の漁船衝突事件を機に、東アジア共同体を巡ってもトーンダウンした。内閣改造で沖縄担当相から横滑りした前原外相によって、対米追随路線は一層鮮明になった。政権交代によっても米国主導の外交安保政策の枠を日本政府は超えられない、と見切った。

「日本政府がダメなら米政府、それがダメなら目の前の米軍基地、米兵が相手だ。『ヤンキーゴーホーム』だ」

普天間を象徴にした吉元元副知事の反基地闘争は、沖縄が本土も巻き込んで日米安保の是非を問うた復帰運動の原点に回帰した。

エピローグ

沖縄本島から南西に約五〇〇キロの東シナ海に浮かぶ沖縄県・与那国島。日本最西端に位置するこの島の西端にある灯台からは、年に数回、晴れ間の向こうに台湾を望むことができる。わずか一一一キロの距離だ。仮に中国と台湾の間で紛争が起きれば、戦渦に巻き込まれるおそれもある。人口はわずか約一六〇〇人、海岸線延長二七・五キロと自転車でも一周できるほどの小さな「国境の島」がいま、安全保障の最前線として注目されている。

「『陸上自衛隊』は『自衛隊』に直したほうがいいですよ。陸だけでなく、陸海空、統合的な運用ができる態勢にしたほうが、中国に対するメッセージとして望ましいですから」

二〇一〇年一一月九日昼、与那国空港の貴賓室。陸上自衛隊OBの佐藤正久参院議員（自民党）が、外間《ほかま》守吉《しゅきち》町長に「指南」していた。手にしていたのは、翌日からの参院外交防衛委員会の視察時に町長が提出する予定にしていた、自衛隊配備の要請書原案だった。

「尖閣事件の背景の一つは、日米中の勢力バランスが変わったということです。中国の船はすごく増えましたからね。与那国を含めた先島の防衛体制を強化することが必要です」

防衛省は先島諸島に自衛隊の部隊配備を検討するための調査費三〇〇〇万円を、次年度予算の概算要求に盛り込んでいる。

佐藤議員「せっかく調査費がついているんですから、町の活性化にもつながるよう、将来の発展の可能性を考えて、いろいろやっておいたほうがいい」

外間町長「そうですか。では今後そういう形で……」

　答えをあいまいに濁した外間町長は、翌日の参院外交防衛委視察で結局、要請書を提出しなかった。九月の町議選で、自衛隊誘致反対の議員が定数六に対して二人誕生したことが背景にあるとみられる。反対派の田里千代基《たさとちよき》町議は「中国のこんな近くに自衛隊を配備すればかえって刺激し、緊張を高める。安価で肥料を購入するなど経済交流を進めている台湾も望んでいることではない」と話す。

　きっかけは、二〇一〇年八月二七日に発表された菅直人首相の諮問機関「新たな時代の安全保障と防衛力に関する懇談会」（座長＝佐藤茂雄・京阪電鉄最高経営責任者。通称・安保懇）の報告書だった。ここには自衛隊にとって長年の懸案だった「離島・島嶼部への自衛隊部隊の配備」が明記された。「存在」を示すこと自体が抑止力となるという「静的抑止」から、警戒監視活動の強化や島嶼部への部隊の前方配置による「動的抑止」への転換を示す内容だった。

　防衛省・自衛隊はこれを踏まえ、陸上自衛隊に一〇〇人規模の「沿岸監視隊」を新設し、与那国島に陸自分屯地を建設して配備する方針だ。東シナ海で海洋活動を活発化させている中国艦船の動向をレーダーで監視するのが最大の目的。現在、陸自は沖縄本島以西には配置されておらず、航空自衛隊のレーダーサイトがある宮古島以西は防衛上の「空白地域」になっている。

与那国島で生まれ、台湾で育った吉元政矩元沖縄県副知事はこう見る。

「与那国島への自衛隊配備は『先島防衛』と言っているが、将来的には自衛隊と米軍が共同使用するということだと思う。米国は中国を封じ込めるために台湾問題を使う。そのために自衛隊をどう関与させるか。米軍再編の真の狙いは、自衛隊と米軍の一体化にある」

与那国島がホットスポットとなった伏線はもう一つある。

九月のある日、沖縄本島と中国大陸との間の東シナ海上に引かれた日中中間線付近に点在する天然ガス田「白樺」(中国名・春暁)上空を、海上自衛隊のＰ３Ｃ哨戒機が飛んでいた。ガス田付近の写真を撮影するためだ。Ｐ３Ｃは一日一回、ガス田上空を定期監視している。この日は中国の掘削船らしき画像をとらえ、この画像は専門家の分析に委ねるため資源エネルギー庁に届けられた。分析の結果、中国側の施設に掘削用のドリルとみられる機材が搬入され、掘削がいつでも可能な状況であることが分かった。前原誠司外相は九月一七日夜の記者会見で、「(掘削開始の)何らかの証拠が確認されたら、しかるべく措置をとる」と対抗措置を明言した。

この動きの発端は、菅直人首相と小沢一郎元代表の一騎打ちとなった民主党代表選(二〇一〇年九月一日告示、同一四日投開票）の最中である九月七日に、尖閣諸島付近で起きた中国漁船衝突事件だ。これを機に一六日に予定されていたガス田を巡る条約締結交渉は中国が一方的に延期し、機材搬入も「衝突事件への対抗措置」との声が政府内から漏れた。

尖閣諸島は沖縄県石垣市に属し、諸島と周辺海域は日本の領域だが、ここで違法操業をしていた中国漁船が、監視中だった海上保安庁の巡視船二隻に体当たりした。海上保安庁は翌日、中国人船長を公務執行妨害容疑で逮捕した。

しかし、中国側の猛烈な抗議に加え、河北省の軍事管理区域に侵入したとして、中国当局が日本人四人を拘束、さらに中国から日本へのレアアース（希土類）輸出停滞が明るみに出るに至り、那覇地検は九月二四日、延長した拘置期限の途中にもかかわらず、「わが国国民への影響や、今後の日中関係を考慮した」と、中国人船長を処分保留で釈放することを決定した。

一貫性を欠く菅政権の対応は、「対中外交に弱腰」との印象を世論に与え、批判を浴びた。自民党政権時代には、中国側も領有権を主張する問題であり、領海内に入った場合は退去を命じ、逮捕するケースはあっても強制退去などの措置をとってきた。

自民党閣僚経験者は辛辣に批評する。

「日中関係を悪化させないための知恵が自民党にはあった。民主党は政権交代を印象づけるために、すべて自民党とは逆のことをやろうとして失敗している。普天間問題での『脱米国依存』、尖閣問題では『対中国強硬』。結局は、ともに歩み寄り、最後は自民党の対応を踏襲しようとしている」

高まる緊張を背景に、尖閣諸島を中国軍に占領された場合の奪還作戦計画の立案が必要になる、とみる自衛隊幹部もいる。かつて第二次朝鮮戦争を想定して極秘で練られた机上作戦演習「三矢研究」が発覚し、国会で問題になった経緯があり、「もちろん、総理のご指示があったらだが」と、この幹部は付け加えた。ただ、奪還作戦は、あくまで自衛隊が単独で乗り出すことが前提となる局地戦を想定し、一九八二年、南米大陸南端沖のフォークランド諸島の領有を巡り、イギリスとアルゼンチンが軍事衝突した「フォークランド紛争」などが参考になるという。

「尖閣の問題に限らず、日本の主権を脅かす問題が起これば、防衛出動を含めた法律もあるので、その時の内閣が対応を決めることになる」

前原外相は一〇月五日、外国特派員協会での記者会見でこう述べたが、菅内閣の要である仙谷由人官房長官は一一月一八日、国会答弁で自衛隊を「暴力装置」と表現し、撤回と謝罪に追い込まれた。対中強硬か柔軟か——。菅政権はそのスタンスを定めきれていない。

米政府の中枢・ホワイトハウスからポトマック川をはさんだバージニア州側に米国防総省はある。約七〇万人の文官と約一四二万人の軍人を擁する米国最大の政府機関だ。本土防衛に加え、中東、アフリカ、欧州、アジア・太平洋、中南米を担当する五つの地域統合軍が全世界をカバーしている。中でも最も広い地域を管轄するのが、ハワイに司令部を置く太平洋軍だ。

米国のオバマ政権は、日本を同盟の礎と表現する。米国にとって日本がどれだけ重要かは、国防総省内に張られた世界地図を見るとよく分かる。中央に欧州があり、西側に大西洋をはさんでアメリカ大陸、東側にロシアや中国が広がるユーラシア大陸があり、日本が極東に位置するという世界地図ではない。真ん中には当然、北米大陸が座る。西側の太平洋を隔てて行き当たるのが日本列島。逆に東側に大西洋を越えてたどりつくのがイギリス。

「米国の世界戦略にとって、日本とイギリスが、地理的にいかに重要かが分かる」

米国が普天間移設問題で「沖縄県内移設」の計画にこだわり、日本から出て行こうとしないのも、日本が米国の戦略拠点になっているからに他ならない。普天間移設先が現行計画踏襲の「辺野古」でひとまず決着した後の二〇一〇年六月、ジェフリー・ベーダー国家安全保障会議（NSC）アジア上級部長が行った演説は皮肉めいていた。

「（オバマ政権誕生後）大統領執務室を訪れた最初の賓客は麻生（太郎）首相でしたが、それは当時、一〇パーセントの支持率だった麻生首相に対する支持表明を意味するものではありませんでした」

要は米国にとって「日本」は重要な国だというメッセージだった――だれが首相であるかは関係なく――。

尖閣諸島沖の中国漁船衝突事件を巡って動いたのは、米国だった。九月二三日にニューヨークでの日米外相会談で、ヒラリー・クリントン米国務長官は「日米安保条約第五条が尖閣諸島に適用される」との立場を伝え、一〇月二七日にハワイで再会談した後の記者会見でも「改めて明確にしたい」と同様の見解を表明。「米国は日米同盟を世界で最も重要な同盟関係の一つと位置付けており、日本国民を守る我々の義務に責任を持つ」と表明した。

米国政府は、尖閣諸島の領有権には口出ししないが、尖閣諸島が日米安保条約の適用条件となる日本の「施政下」にあることを認めている。

これは日本にとっては「勇気付けられる発言」（前原外相）であり、中国にとっては「絶対に受け入れられない言論」（馬朝旭外務省報道局長）となり、日米接近・中国牽制という構図を鮮明に浮き立たせた。

ＡＰＥＣ（アジア太平洋経済協力会議）が開かれる横浜市での菅首相とオバマ大統領の日米首脳会談に先立ち、ブッシュ前政権で国家安全保障会議（ＮＳＣ）のアジア上級部長を務めた知日派のマイケル・グリーン戦略国際問題研究所（ＣＳＩＳ）上級顧問は一一月九日、連名で「米日同盟の萌芽」というタイトルの小論文を発表し、日本の現状を好意的に受け止めた。

「菅氏はなお首相としての基盤を固めきれていない。（しかし、鳩山由紀夫前首相が掲げた）『友愛』の哲学や『東アジア共同体』の理想郷は、もはや外交課題として推進する必要はなく、米国との『対等な同盟』という空虚な美辞麗句を使うこともなくなった。（政権交代後の）一年の漂流を経て、東京では、米日同盟と日本の外交政策にとっての萌芽となる戦略的思考が、部分的に現れ始めた」

普天間問題の迷走を困惑気味に眺めていた中国。日米安保条約を「冷戦時代の産物」と批判するが、不安定な日米関係も困りものだった。政権交代直後、日米同盟を傷めてまで「東アジア共同体」を推進しようとする鳩山前首相の姿を見て、疑心暗鬼になっていた。しかし、尖閣諸島沖での中国漁船衝突事件で局面は変わった。

東京の中国大使館は対応に追われ、知日派の程永華駐日中国大使の指揮のもと、自民党の有力議員らと接触した。決着後には、「もっと早く解決できた案件だった」「民主党はどう着地点を考えていたのか」などの声が中国側から伝わった。

「中国は『日本の対中政策が変わった』と感じている」

一〇月三〇日、東京・神田駿河台の明治大学で開かれたシンポジウム「東アジアの安全保障と普天間基地問題」にパネリストとして参加した福井県立大学の凌星光名誉教授はこう見る。

「沖縄の米軍基地は大きすぎて経済が疲弊している。東アジア共同体の視点で、(交易で栄えた)かつての琉球王国のように(沖縄が)存在感を増す時代がこれから来る」

しかし、中国に対する懸念が消えないのは、増強一途の軍事力にある。

二〇〇九年一〇月一日、人民解放軍が建国六〇年の「国慶節」(建国記念日)の軍事パレードを行い、多様な新型ミサイルのほか、早期警戒管制機や無人偵察機などもお目見えし、装備の近代化が進んでいることをうかがわせた。中国は、一九九一年の湾岸戦争で米軍が動員した最先端の兵器・装備に衝撃を受け、一気に近代化を進めてきた。

二〇一〇年一一月に公表された米国連邦議会の米中経済安全保障検証委員会年次報告では、中国の空軍力やミサイル能力の近代化を警戒。「例えば日本のような（アジア太平洋地域の）同盟国に到達するような能力拡大を可能にしている」と明記し、国防総省に西太平洋での同盟国との連携強化を継続するよう提言した。

一一月二三日には、北朝鮮軍が、黄海上の韓国・延坪島に向けて、砲弾約一七〇発を発射し、約八〇発が島に着弾した。韓国軍は対抗射撃を行ったが、韓国兵士二人、民間人二人が死亡。一八人が重軽傷を負った。

北朝鮮による初の陸地への砲撃という一大事は、一瞬にして世界を駆け巡り、朝鮮半島がなお「戦争状態」であることを改めて全世界に突きつけた。日本の周辺有事の際に適用される周辺事態法の枠外ではあったが、日本政府は韓国在留の日本人救出も視野に不測の事態に備えた。

普天間移設問題の迷走は、アジア太平洋地域の大国である日本、米国、中国の外交政策に大きな影響を与えた。

「脱米入亜」の路線を歩もうとした鳩山前政権からの反動で、日本は米国との関係修復が第一の外交課題となり、領土を巡りロシア、中国との関係再構築を迫られている。

米国は、日本が再び同盟強化に動き出したことを歓迎しつつ、不安定な飛行を続ける民主党政権との同盟深化の協議に、本腰を入れられないことに苛立っている。

「親中」から一気に「嫌中」へと傾斜したかのような日本の振る舞いに中国は戸惑い、日米再接近を警戒している。

日米同盟の強い絆が影響力を持った北東アジアでは、韓国の存在感が強まり、米韓同盟の強化が、日米同盟深化を横目に急速に進んだ。北朝鮮は砲撃に先立つ一一月一二日、米国の研究者を招いて原子爆弾の製造につながる「完成したばかりの近代的なウラン濃縮施設」に案内しており、北朝鮮核問題が再びクローズアップされた。

不幸なことに、北東アジアの安全保障環境は、平和と安定に向かうどころか、緊張の度を高めつつあり、それに伴って日米同盟の重要性も高まる。沖縄の戦略的重要性は高まることはあれ、低下することはない。

日本政府はすでに普天間問題の長期化を覚悟している。一二月二日、菅首相は、沖縄県知事選で再選したばかりの仲井眞弘多知事と首相官邸で会談した。面会はわずか一三分。この夜、菅首相は記者団に普天間問題の解決時期についてこう言った。

「外務大臣とも話をしていますが、何かこう、期限を切ってうんぬん、というふうな形では考えていません」

二〇一一年春に予定している訪米までの解決にこだわらない考えを示した発言は、「終わりなき普天間」の迷走が、再び始まろうとしている号砲のようにも聞こえた。

（二〇一〇年一二月　及川正也）

あとがき

鳩山由紀夫前首相の罪は大きい。沖縄県・米軍普天間飛行場の県外移設を打ち出したことについて「動機は正しい」という評価に甘え、結果的に沖縄の人々の気持ちのみならず、日本の外交・安全保障全体をもてあそんだからである。

鳩山氏は首相辞任という形で責任はとったが、次の衆院選には出馬しないという約束をあっさりと撤回してしまった。まさにあいた口がふさがらないというのはこのことだと思う。そのいい加減さは普天間問題における迷走発言と通じるものがあった。

外交は内政に通じ国民の政権への信頼がなければ前に進まない。尖閣諸島沖の海上保安庁巡視船と中国漁船の衝突事件への対応など、菅直人・民主党政権は外交面での脆弱ぶりを露呈している。中国はもとよりロシアのメドベージェフ大統領の北方領土訪問を許したことは、移設問題をきっかけに生じた日米関係のきしみをつかれた側面もあった。

菅氏の統治能力ははなはだ怪しいが、菅氏が前政権の後遺症に苦しんでいることも否めない。民主党がマニフェストでも外交をおろそかにしたつけが回ってきたとも言えよう。

世界は米国一極体制から多極化に移行し、新興国の台頭で、山分けしてきた先進民主主義国の取り分は大きく減った。そして我々はお隣りの大国・中国に向き合わなければならない。国益をかけた国々の大競争時代に入っているのだ。外交の立て直しは冷徹な反省なくしてはなしえない。その意味でもこのドキュメントがお役に立てれば幸いである。

本書は毎日新聞政治部を中心に、日々の取材で得た情報を基にまとめたものである。取材段階では記事にできなかった事実もふんだんに盛り込んである。

外交・安全保障の視点、沖縄の事情はもとより、民主党内の権力闘争など複眼的なアプローチが必要だった。長期にわたった普天間取材には、政治部の佐藤千矢子デスクの指揮のもと多くの記者が、関係者への昼夜の取材を繰り返した。

本書の取材・執筆の中心になったのは、政治部の上野央絵記者である。さらに、本書のための補強取材で西田進一郎、坂口裕彦、野口武則、山田夢留、影山哲也、横田愛の各政治部記者、元政治部で現西部本社報道部の仙石恭記者、外信部の白戸圭一記者らが新たな事実を発掘した。

上野記者は二〇〇六年の日米合意当時、西部本社福岡報道部で沖縄問題に取り組み、〇七年秋に政治部に戻ってからも精力的に取材を続けてきた。今回、鳩山首相による県外への普天間飛行場移設の提起から頓挫までの経緯を一冊の本にまとめるべきだと提案した。彼女の沖縄問題への情熱がなければこの記録は完成しなかった。

膨大な情報をまとめ、企画・構成から取材・執筆までを担ったのが政治部の及川正也デスクである。ワシントン特派員として四年余り、米国防総省などを取材した。〇九年夏の政権交代選挙の直前に北米総局から政治部に戻り、特派員経験が大いに役立った。

本書に盛り込んだ情報は、日米両国や沖縄の行政当局者や関係者、政党幹部、首相・閣僚経験者、外交・安全保障の専門家・有識者ら、普天間移設問題に関わった多くの当事者に対する実名、もしくは匿名を条件とした取材を通じて得た。協力をいただいた関係者の方々に感謝したい。執筆にあたっては、『沖縄を知る事典』(「沖縄を知る事典」編集委員会、日外アソシエーツ)、『オバマ政権の主要高官人事分析』(久保文明、足立正彦著、東京財団)が参考になった。

刊行にあたっては講談社の鈴木崇之さんに大変、お世話になった。企画段階からの厳しい指摘によって、本書は充実したものになった。最後に趣旨に賛同し出版を勧めてくださった、わが畏友、同社の鈴木章一さんに感謝したい。

二〇一〇年一二月

毎日新聞政治部長　　小菅洋人

琉球の星条旗　「普天間」は終わらない　◎　資料編

普天間問題関連年表

	日本	米国	沖縄
2009.6〜8	鳩山代表、沖縄で「最低でも県外」発言（7月19日）鳩山代表、米紙に寄稿した論文が波紋（8月下旬）	フローノイ国防次官が来日、岡田幹事長に米軍再編の進展を迫る（6月25日）	衆院選で四選挙区すべてを野党の民主、社民、国民新が制する（8月30日）
09.9	岡田外相「年内が一つの判断基準」（18日）鳩山首相「基本的な考え方を変えるつもりはない」（ピッツバーグ24日）北澤防衛相「新しい道、模索は厳しい」（26日）	クリントン国務長官、岡田外相に「現行計画の実現が基本で重要だ」（ニューヨーク21日）	仲井眞知事、北澤防衛相に「国外・県外は簡単でない。県内やむなし」（25日）
09.10	岡田外相、嘉手納統合案検討を表明、県外は「考えられない」（23日）首相、所信表明演説で「日米合意の経緯も慎重に検証し、地元の思いを受け止め真剣に取り組む」（26日）	ゲーツ国防長官来日。日米合意履行とオバマ大統領訪日までの結論を要求する一方、「数十メートルの沖合移動」容認を示唆（20、21日）	仲井眞知事、環境影響評価準備書に意見書。普天間問題に関する政府方針の早急な提示と、滑走路の「可能な限りの沖合移動」を要求（13日）
09.11	首相、日米首脳会談「できるだけ早く結論を出したい。私を信頼してほしい」（13日）北澤防衛相、検証作業グループ会合で「年内に結論を出したい」と表明（17日）	オバマ大統領来日。首脳会談で日米合意通りの早期決着を迫る（13日）グレグソン国防次官補、検証作業グループ会合で「唯一実行可能な案が現行計画」（17日）	伊波宜野湾市長、首相に普天間グアム移転を直談判（26日）仲井眞知事、首相との公式の初会談で「一日も早い危険性の除去に取り組んでほしい」（30日）
09.12	福島社民党首「辺野古と決めれば社民党は重大な決意をする」。首相が関係閣僚に結論先送りを指示（3日）首相、クリン	ルース大使が日米閣僚級作業グループの会合で「結論越年」を伝えられ、岡田、北澤両氏に「このままでは普天間固定化	伊波宜野湾市長、訪沖した岡田外相に「沖縄の海兵隊は実戦部隊もグアムに移る。県内移設の必要はない」。稲嶺進氏（後

	2010.1	10.2	10.3
トン国務長官に「辺野古を強行したらかえって危険」（コペンハーゲン17日）首相、会見で「（来年）五月までに新しい移設先を決定したい」（25日）首相、ラジオ番組収録で「抑止力の観点から見て、グアムにすべて普天間を移設するのは無理」（26日）	首相の私的勉強会が海自大村基地（長崎県）などへの普天間移設を提案（5日）平野官房長官、沖縄初訪問で仲井眞知事に「決断をお願いするかもしれない」（9日）首相、施政方針演説で「五月末までに具体的な移設先を決定する」（29日）	沖縄基地問題検討委での各党提案が与党国対の要請で先送り（16日）北澤防衛相、シュワブ陸上案について「検討委でまとまったら真剣に検討する」と表明（19日）	検討委で社民が国外移設、国民新がシュワブ陸上案などを提案（8日）平野官房長官、ホワイトビーチ沖合案検討を沖縄県連関係者に明かす（10日）首相、北澤防衛相に徳之島への部隊分割移転を検討するよう指示（22日）岡田、北澤両氏が米国、沖縄に政府の検討状況を説明（26日）
だ」（4日）ズムワルト駐日米公使、山岡国対委員長に早期決着への協力を要請（8、17日）クリントン国務長官、藤崎駐米大使に早期決着を改めて促す（ワシントン21日）	クリントン国務長官、岡田外相に現行計画の履行を要求。岡田外相は「五月までに結論を出す」（ホノルル12日）ルース大使、講演で「在日米軍の存在意義は対中国・対北朝鮮。日米同盟の抑止効果が不可欠。沖縄の重要性は増している」（29日）	キャンベル国務次官補、小沢幹事長に訪米を要請（2日）スタルダー太平洋海兵隊司令官が講演で「沖縄の海兵隊は対北朝鮮抑止力」（17日）	ルース大使が平野官房長官と極秘会談（2日）ルース大使、岡田外相から政府案の検討状況の説明を受け「慎重に検討する」と声明を発表（26日）ゲーツ国防長官、岡田外相が説明したホワイトビーチ沖合、シュワブ陸上、徳之島の三案を却下（ワシントン29日）
の名護市長）、名護市民集会で岡田外相に「この場で辺野古に基地を造らないと言ってほしい」。岡田外相は「反対し続けると普天間がこのままになる」（5日）	小沢幹事長側近の佐藤副幹事長が地元要望を受け、名護市で陳情システム説明会（13日）名護市長選で新人の稲嶺氏が、移設容認の現職を破り当選。初の「県内移設」反対派市長が誕生（24日）	沖縄県議会「普天間の早期閉鎖・返還と、県内移設に反対し国外・県外を求める意見書」を全会一致で可決（24日）	名護市議会がシュワブ陸上案反対の決議と意見書可決（8日）超党派県議団が平野官房長官などに「県内移設に反対し国外・県外を求める意見書」を渡す（11日）うるま市議会がホワイトビーチ沖合案反対の意見書可決（19日）仲井眞知事、陸上案、ホワイトビーチ沖合案に「厳しい」（19日）

	10.4	10.5	10.6
日本	首相、関係閣僚に「全力で県外」と指示（2日）平野官房長官、沖縄県議会議長に「県外が軸」と明言（12日）首相、オバマ大統領と一〇分会談、「五月末までに決着」（ワシントン12日）北澤防衛相、徳之島移設に「今の状況は厳しい」。平野官房長官の面会要請を徳之島三町長が拒否（20日）首相「辺野古の海埋め立ては自然に対する冒瀆」（24日）	首相、沖縄初訪問で「海を汚さない形で決着」と「抑止力」を持ち出し県内移設表明（4日）首相、徳之島三町長に受け入れ要請するが拒否される（7日）首相、全国知事会で沖縄の米軍訓練受け入れを要請（27日）移設先を辺野古周辺と明記した日米共同声明を発表、政府方針を閣議決定（28日）	鳩山首相と小沢幹事長がダブル辞任（2日）菅副総理、首班指名後の会見で「日米共同声明を踏まえる」と表明（4日）在沖縄海兵隊グアム移転を巡り、日米合意を上回る資金の追加融資を米政府に非公
米国	国防総省、バサラ日本部長を駐日米大使館に派遣、ルース大使の補佐役に（上旬）ルース大使、岡田外相と実務者協議先送りを確認（9日）オバマ大統領が鳩山首相との一〇分会談で「最後まで実現できるのか？」と発言したと一部報道（18日）ワシントン・ポスト紙が「岡田外相がルース大使に現行案修正で受け入れ表明」と報道（24日）	日米審議官級協議で日本側が説明した杭打ち桟橋（ＱＩＰ）方式に難色を示す（ワシントン12日）国防総省、韓国が海軍哨戒艦沈没原因を「北朝鮮」と断定したことを受け、戦時作戦統制権移管で韓国と交渉開始（下旬）オバマ大統領、首相に電話で共同声明に満足の意を表明（28日）	オバマ大統領が菅新首相に祝意を伝える電話、「合意を基に対応していこう」（6日）ゲーツ国防長官、在沖縄海兵隊のグアム移転に追加負担を含む新たな協議を求める書簡を日本側に送付（上旬ごろ）ルー
沖縄	仲井眞知事、国外・県外を求める県民大会への参加を表明（23日）県民大会に約九万人（主催者発表）が参加。知事は「鳩山政権は公約に沿ってネバーギブアップ。過剰な基地負担は差別」、伊波宜野湾市長は「県内移設では永遠に解決できない。普天間はテニアンへ」（25日）	稲嶺名護市長、首相に「抑止力は国民全体で考えて。最後まで国外・県外の努力を」（4日）普天間基地包囲行動に約一万七〇〇〇人（主催者発表）が参加（16日）稲嶺名護市長、共同声明を受け市民抗議集会で「私たちは『屈辱の日』を迎えた。沖縄はまたしても切り捨てられた」（28日）	仲井眞知事、菅新首相の「合意踏襲」発言に「我々と合意したものではない」（4日）仲井眞知事、首相との初会談で「共同声明は実現が難しい」（15日）

10.7	10.8	10.9
式に提案（中旬ごろ）首相、沖縄初訪問で「基地負担におわびとお礼」（23日） 参院選で首相の「消費税」発言が響き、民主党大敗（11日）	福山官房副長官、沖縄を訪問し仲井眞知事に共同声明の内容を初めて公に説明（11日）日米専門家協議の報告書を公表。辺野古周辺に埋め立て、V字形とI字形を併記（31日）	小沢前幹事長、党代表選の政見演説で、普天間問題について「沖縄県、米政府と改めて話し合う」（1日）岡田外相、米のオスプレイ配備方針について「そういう前提で議論すべきだ」（9日）全閣僚と仲井眞知事で沖縄政策協議会を開催（10日）
ス大使が鳩山前首相に「大統領が感謝している」と電話（17日） 国防総省、在沖縄海兵隊グアム移転に伴う環境影響評価最終報告書で目標年次を二〇一七年以降に先送り提案（ワシントン28日）	ゲーツ国防長官、講演で「二一世紀の海兵遠征軍が何をするのか定めるため、軍事態勢の見直しを指示した。米国は軍事力の柔軟性がより求められる脅威に直面している」と述べる（カリフォルニア12日）	国防総省のモレル報道官、オスプレイについて「いずれかの時点で在日米軍基地に配備される」と明言（ワシントン9日）
県議会、日米共同声明の見直しを求める意見書・決議を全会一致（退席者二人を除く）で可決。「沖縄の基地負担に対する菅首相の『お礼』と米国の感謝決議は、県民の思いを全く理解していないと、大きな怒りを買っている」（9日）	仲井眞知事、共同声明について記者団に「そのままでは実現不可能」（11日）仲井眞知事、日米の報告書について「ナンセンス。辺野古への移設は不可能に近い」（31日）	仲井眞知事、小沢前幹事長の姿勢を「考え方としてはリーズナブル」と評価（3日）仲井眞知事、オスプレイ配備について「勘弁してくれ」（10日）名護市議選で移設反対の稲嶺市長派が大勝（12日）民主党代表選で党員・サポーター票の約七割が敗れた小沢前幹事長に投票（14日）

普天間問題をめぐる
鳩山政権のキーマンたちのスタンス

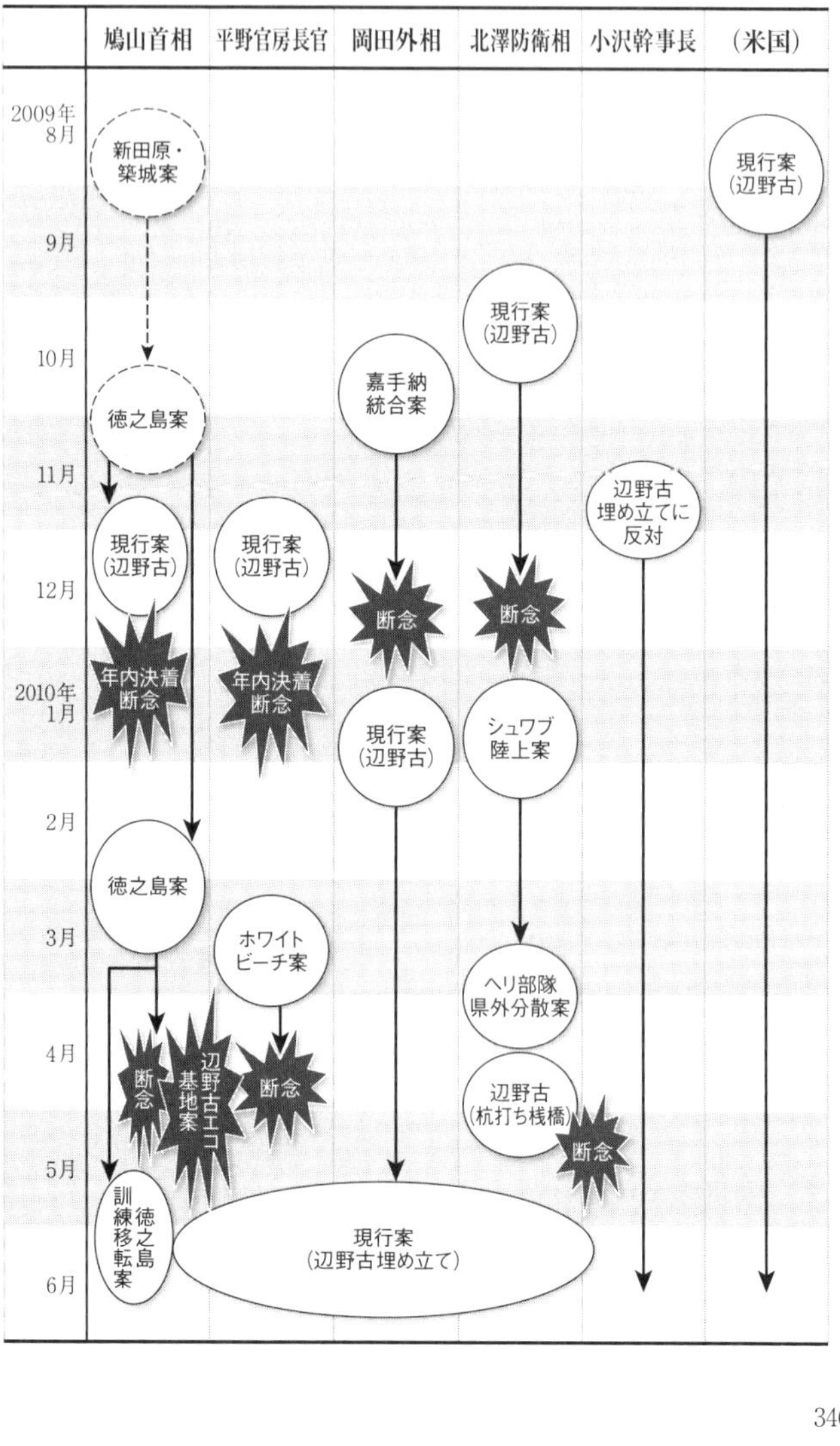

沖縄本島周辺にある米軍施設
伊平屋島
伊是名島
奥間レスト・センター
北部
訓練場
古宇利島
伊江島
補助飛行場
伊江島
慶佐次通信所
八重岳通信所
沖縄本島
キャンプ・シュワブ
辺野古弾薬庫
キャンプ・ハンセン
ギンバル訓練場
嘉手納弾薬庫地区
金武ブルー・ビーチ訓練場
金武レッド・ビーチ訓練場
楚辺通信所
天願桟橋
キャンプ・コートニー
瀬名波通信施設
キャンプ・マクトリアス
読谷補助飛行場
キャンプ・シールズ
トリイ通信施設
浮原島訓練場
陸軍貯油施設
ホワイトビーチ地区
嘉手納飛行場
津堅島
津堅島訓練場
泡瀬通信施設
キャンプ桑江
キャンプ瑞慶覧
久高島
普天間飛行場
那覇港湾施設
牧港補給地区
N
0
20km

沖縄本島以外にある米軍施設

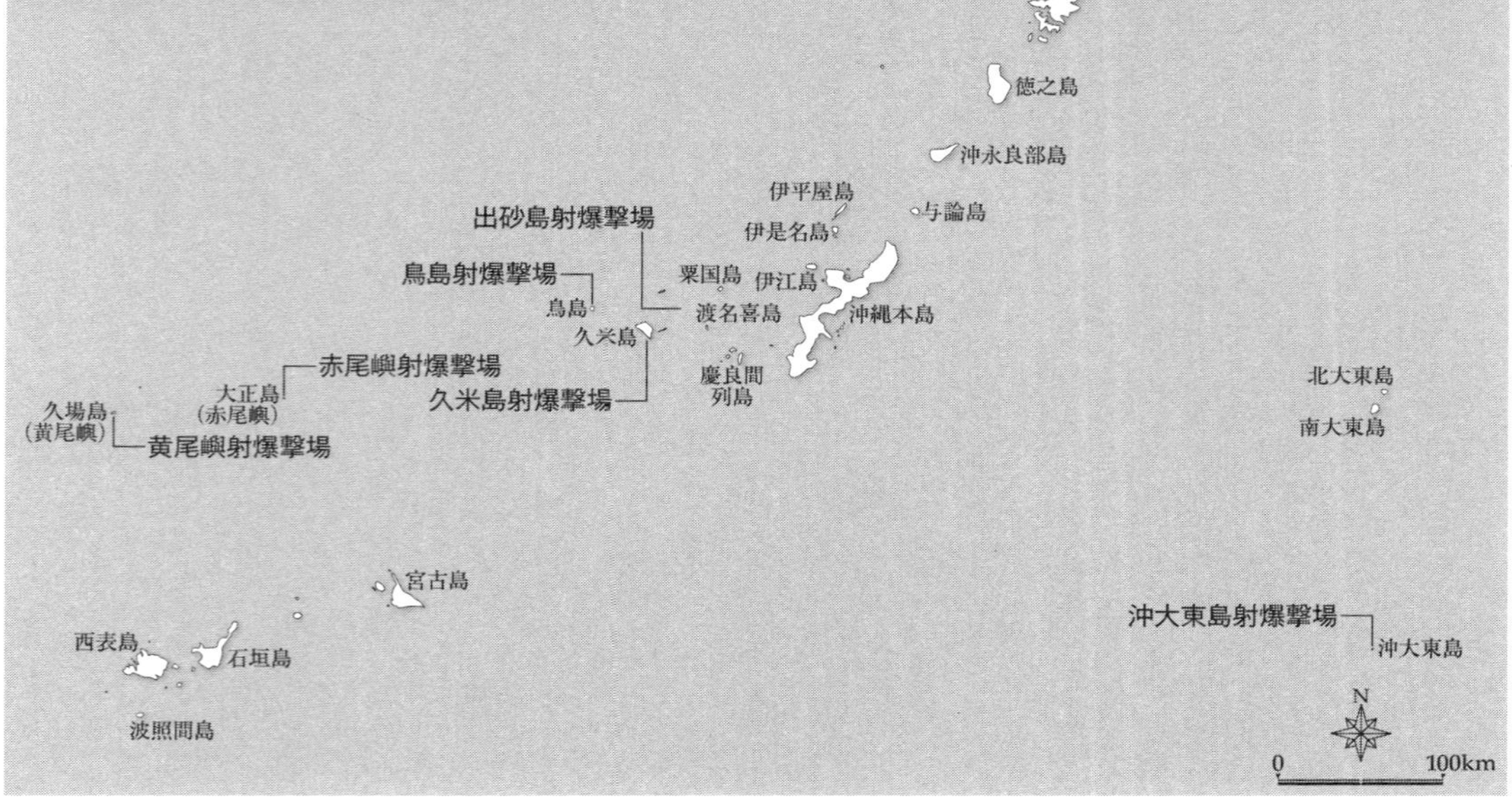

辺野古移設の場合の代替施設概念図

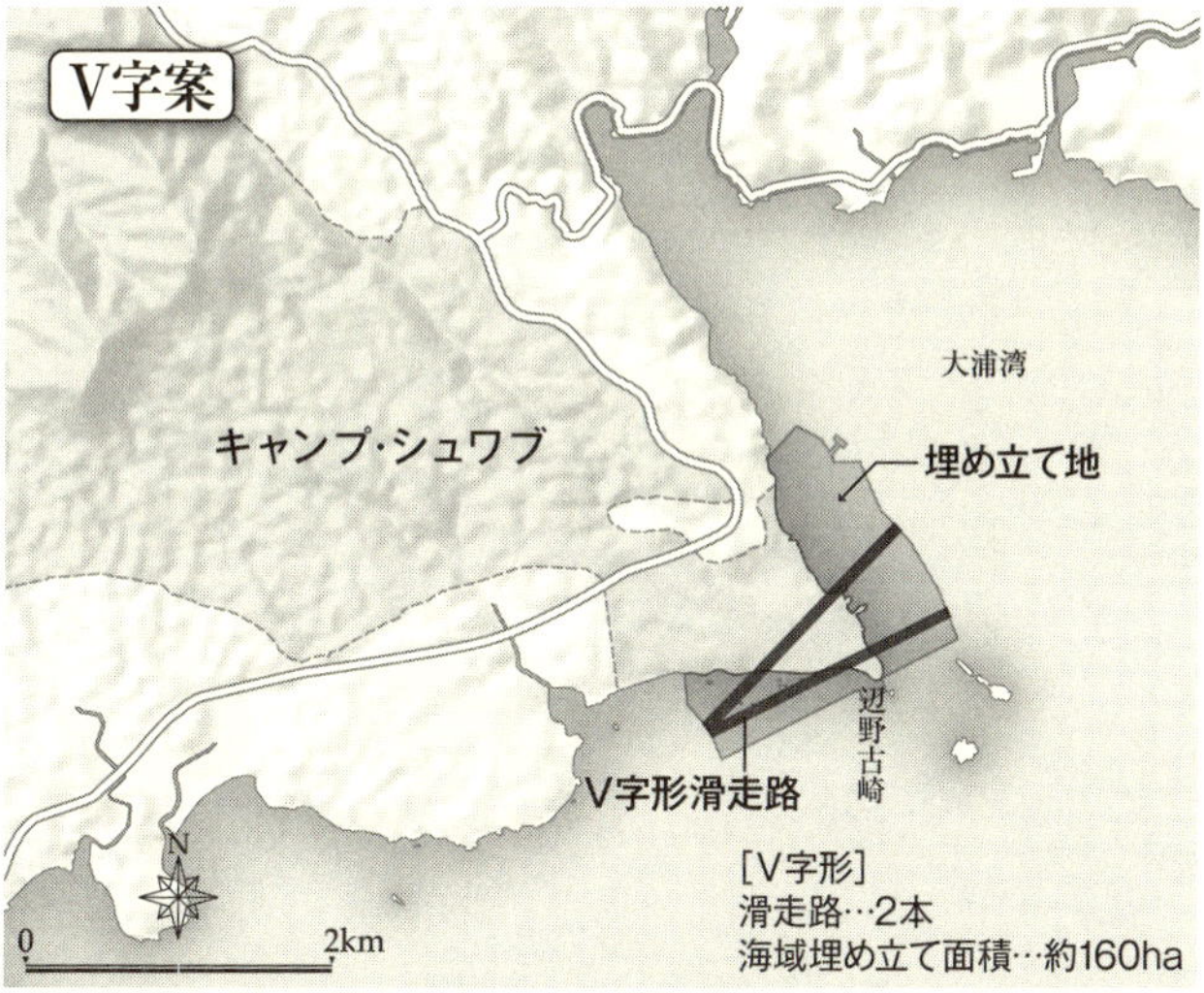

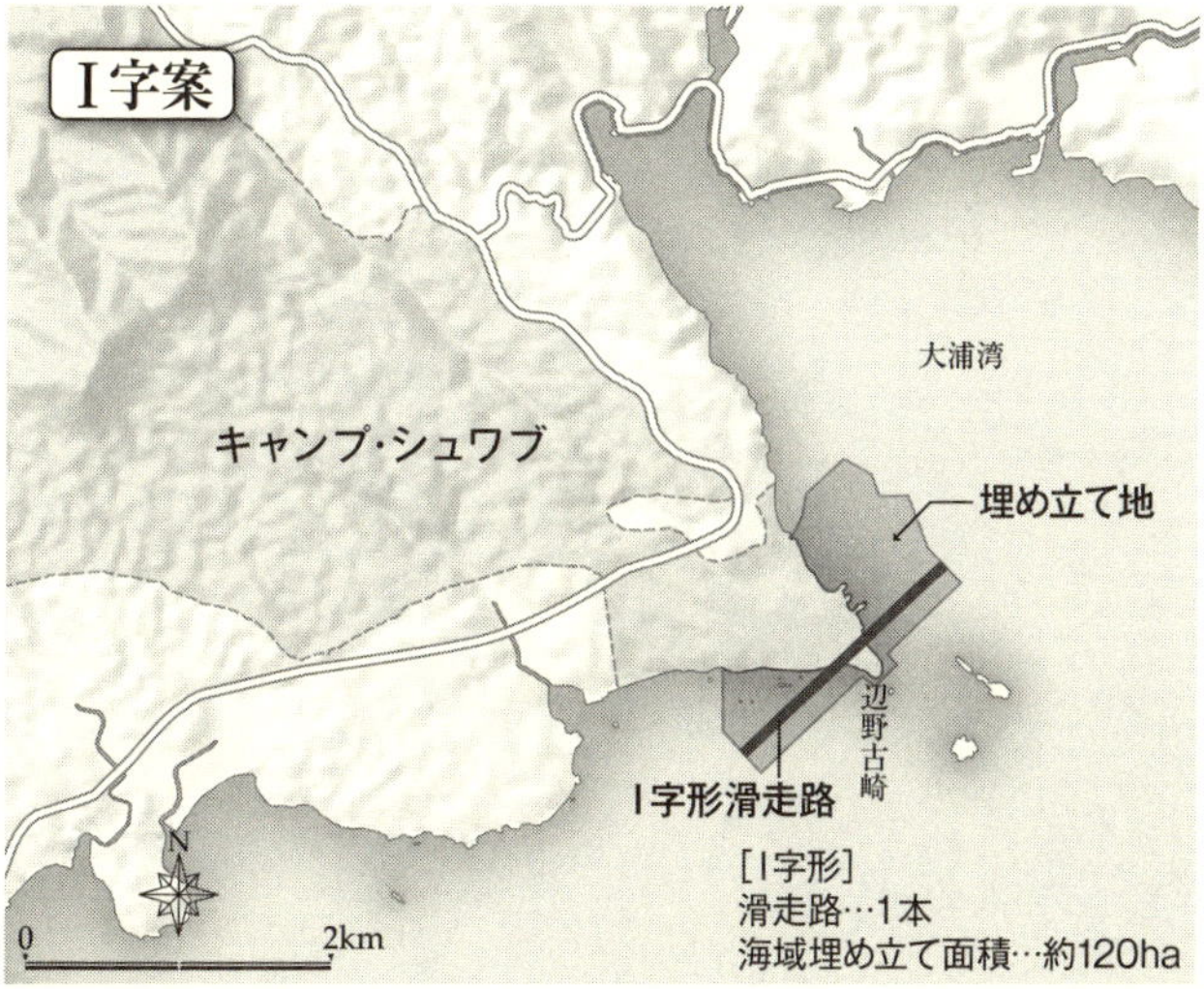

琉球《りゅうきゅう》の星条旗《せいじょうき》「普天間《ふてんま》」は終《お》わらない

二〇一〇年一二月二〇日　第一刷発行

著者……毎日新聞政治部《まいにちしんぶんせいじぶ》
装幀……藤本京子（表現堂）
図版……アトリエ・プラン
発行者……持田克己
発行所……株式会社　講談社
〒一一二―八〇〇一　東京都文京区音羽二―一二―二一
電話　編集部　〇三―五三九五―三四三八
　　　販売部　〇三―五三九五―四四一五
　　　業務部　〇三―五三九五―三六一五
印刷所……慶昌堂印刷株式会社
製本所……牧製本印刷株式会社

定価はカバーに表示してあります。
落丁本・乱丁本は購入書店名を明記のうえ、小社業務部宛にお送りください。
送料小社負担にてお取り替えいたします。
なお、この本の内容についてのお問い合わせは、週刊現代編集部宛にお願いします。

ISBN978-4-06-216659-1